W0258924

Burhenne / Erbs

Datenstrukturen objektorientiert mit Modula-2

Datenstrukturen objektorientiert mit Modula-2

Von Prof. Dipl.-Math. Werner Burhenne
und Prof. Dr. Heinz-Erich Erbs
Fachhochschule Darmstadt

Mit 118 Abbildungen und zahlreichen Beispielen

B. G. Teubner Stuttgart 1994

TopSpeed ist ein eingetragenes Warenzeichen der Clarion Software Corporation. dBASE und Turbo Pascal sind eingetragene Warenzeichen der Borland International. MS-DOS ist ein eingetragenes Warenzeichen der Microsoft Corporation. Ami-Pro ist ein eingetragenes Warenzeichen der Lotus Development Corporation.

Das in diesem Buch enthaltene Programm-Material ist mit keiner Verpflichtung oder Garantie irgendeiner Art verbunden. Die Autoren und der Verlag übernehmen infolgedessen keine Verantwortung und werden keine daraus folgende oder sonstige Haftung übernehmen, die auf irgendeine Art aus der Benutzung dieses Programm-Materials oder Teilen davon entsteht.

Die Deutsche Bibliothek – CIP-Einheitsaufnahme

Burhenne, Werner:
Datenstrukturen objektorientiert mit Modula-2 : mit zahlreichen Beispielen / von Werner Burhenne und Heinz-Erich Erbs. – Stuttgart : Teubner, 1994
ISBN 978-3-519-02984-7 ISBN 978-3-322-92740-8 (eBook)
DOI 10.1007/978-3-322-92740-8
NE: Erbs, Heinrich-Erich:

Das Werk einschließlich aller seiner Teile ist urheberrechtlich geschützt. Jede Verwertung außerhalb der engen Grenzen des Urheberrechtsgesetzes ist ohne Zustimmung des Verlages unzulässig und strafbar. Das gilt besonders für Vervielfältigungen, Übersetzungen, Mikroverfilmungen und die Einspeicherung und Verarbeitung in elektronischen Systemen

© B. G. Teubner Stuttgart 1994

Vorwort

Daten ohne Algorithmen sind wie Algorithmen ohne Daten: Eines so nutzlos wie das andere. Keines kann ohne das andere existieren. Genauso sind Objekte der (natürlichen) Umwelt stets mit Handlungen verbunden, seien sie möglich und zugelassen oder auch möglich und (z.T. leider) verboten. Und dabei hat jedes Objekt seinen eigenen Satz von Handlungsmöglichkeiten: Was man mit dem einen Objekt machen kann, kann man mit einem anderen nicht oder zumindest so nicht machen. Daß solch eine "natürliche" Beziehung zwischen Objekten und Handlungen oder eben zwischen Daten und Algorithmen besteht, will dieses Buch zeigen. Daß es keinen Sinn macht, das eine losgelöst vom anderen zu entwickeln, will es auch nachweisen. Jede Entscheidung auf der einen Seite hat nunmal Konsequenzen für die andere Seite.

Dem paßt sich in dieser Zeit die Informatikausbildung an: Früher ging es in der Erstausbildung allein um die algorithmische Aufbereitung eines Problems bis hin zur Implementation auf einer Rechenanlage mithilfe einer Programmiersprache. Datenstrukturen wurden eher am Rande oder sehr viel später - etwa im Rahmen von Ausbildungsgängen wie z.B. "Einführung in Datenbanken" gelehrt und gelernt. Heutige Informatik-Studienprogramme wie z.B. das der Fachhochschule Darmstadt sehen eine möglichst frühe Beschäftigung mit Datenstrukturen vor: Parallel zur Erstausbildung in der Implementation von Algorithmen lernen Studenten den systematischen Entwurf von Datenstrukturen kennen.

Moderne Programme gehen noch weiter; in ihnen steht bereits die Objektorientierung im Mittelpunkt. Sie ist sicherlich nicht nur ein Reklamegag ("My cat is object-oriented") sondern möglicherweise sogar **das** Paradigma der Informatik der Neunziger Jahre. Wir sind der Meinung, daß mit der Objektorientierung keine Informatik-Revolution erfolgt, sondern daß sie vielmehr das Ergebnis eines konsequent beschrittenen Methodik-Entwicklungsganges darstellt. Soweit in TopSpeed Modula möglich, werden wir objektorientierte Konzepte in den Beispielen einsetzen - besonders markant in einer Fallstudie im sechsten Kapitel dieses Buches.

Das vorliegende Buch berücksichtigt den Zusammenhang zwischen Datenstrukturen und Algorithmen. Es bietet in seinem Kapitel 1 eine Einführung in die Begriffswelt der Datenstrukturen.

Kapitel 2 stellt die fundamentalen Strukturen dar und zeigt damit insbesondere, welche Sprachkonzepte Modula-2 sowohl zur Strukturierung der Daten als auch des Ablaufs bietet. Dabei behandelt es nicht nur die klassische konstruktive Methode der Datenstrukturierung, sondern geht auch und vor allem auf die axiomatische Methode ("Abstrakter Datentyp") ein. Zum Abschluß dieses Kapitels stellen wir die Möglichkeiten dar, die Modula-2 (und dabei besonders die von uns verwendete Version TopSpeed-Modula) mit Blick auf die objektorientierte Programmierung bietet. Jeder Leser, der bereits einige Erfahrung in der Programmierung mit einer höheren Programmiersprache besitzt, kann mit diesem Kapitel auch einen ersten Einblick in die Programmierung mit Modula-2 gewinnen.

Kapitel 3 zeigt lineare dynamische Datenstrukturen und ihre Operationen: die Sequenz (besser bekannt als sequentielle Datei) und verkettete Listen. Was verkettete Listen und Prozeßverwaltung miteinander zu tun haben (können), zeigt das Kapitel 3.4 als Beispiel.

Gegenstand des Kapitels 4 sind nichtlineare dynamische Datenstrukturen (Baumstrukturen und allgemeine Graphen). Ähnlich wie bei Kapitel 3 steht hier die Nutzung rekursiv definierter Daten- wie Ablaufstrukturen im Vordergrund.

Kapitel 5 gibt einen Überblick über die grundlegenden Methoden zur Organisation von (großen Mengen von) Daten auf Hintergrundspeichern. Schließlich zeigt Kapitel 6 in einer Fallstudie den Nutzen objektorientierter Programmierung bei der Entwicklung und Anwendung einer Modula-Schnittstelle zu dBASE-Daten.

Warum haben wir nun als Referenzsprache Modula-2 (und nicht etwa Pascal) genutzt?

- Modula-2 entspricht zu wesentlichen Teilen den Anforderungen an eine Programmiersprache, den **systematischen und disziplinierten** Entwurf zu fördern. Dies gilt besonders für das Konzept der Kapselung von Datenstrukturen und Algorithmen in Modulen sowie die strenge Typenbindung.

- Viele Ausbildungsstätten, insbesondere Hochschulen, schwenken in ihrer Grundausbildung von Pascal zu Modula-2 über - der Bekanntheitsgrad von Modula-2 nimmt damit stetig zu.

- Mittlerweile gibt es hinreichend leistungsfähige und preiswerte Compiler (von daher spricht immerhin nichts mehr *gegen* Modula-2).

Wie halten wir - die Autoren - es in diesem Buch mit Beispielprogrammen? Wir wollen Datenstrukturen sowohl abstrakt (von der Implementierung) als auch konkret (in gerade dieser Implementierung) darstellen. Was der eine Leser hinreichend deutlich in der abstrakten Form erkennt, sieht der andere am besten über das Beispiel. Daher bieten wir zu den wichtigen Strukturen weitgehend vollständige Modula-Programme inmitten des Textes an. Wir hoffen dabei, daß diese Beispiele den Forderungen des Schöpfers von Modula gerecht wird [Wirth 94]: "Programme sollten so geschrieben und poliert werden, daß sie veröffentlicht werden könn(t)en. ... Programme sollten (auch) für den menschlichen Leser zugänglich sein."

Mehr noch: Wir meinen, Programme sollten in allen Teilen lesbar sein - und nicht nur in ihren Kommentaren! Die häufig anzutreffende Trennung eines Programmes in einen "maschinenlesbaren" (Daten- und Ablaufstrukturen) und einen "menschlesbaren" Teil (Kommentare) ist die Ursache vieler semantischer Fehler. Ziel sollte deshalb sein, möglichst viel Sematik in die Syntax eines Programmes zu verlagern. Es geht darum, daß "möglichst viele semantische Fehler in syntaktische Fehler verwandelt und damit hoffentlich maschinell festgestellt werden" [Klaeren 94]. So gibt z.B. eine sinnvolle Daten- und Funktionenzerlegung (und Bennennung!) dem Compiler die Chance, einen Teil der semantischen Korrektheit eines Programmes zu prüfen - innerhalb eines Kommentares hat nur der Mensch diese Möglichkeit. Deshalb werden Sie auch, lieber Leser (der Programme), in den Beispielen Kommentare kaum antreffen.

Dem aufmerksamen Leser wird sicherlich nicht entgehen, daß das vorliegende Buch einige Ähnlichkeiten zu "Algorithmen und Datenstrukturen mit Modula-2" von N. Wirth aufweist. Dies ist kein Zufall. Genauso sind aber auch erhebliche Unterschiede erkennbar: das vorliegende Buch konzentriert sich auf wenige zentrale Strukturen und beschreibt sie ausführlich. Komplexitätsbetrachtungen haben wir nur dort - und auch nur ansatzweise - unternommen, wo sie von besonderer Bedeutung sind. Und schließlich: das "klassische" Thema Sortieren und Suchen mit Reihen (ARRAY) und Sequenzen (Files) hat bei uns den Stellenwert bekommen, der dem Stand der aktuellen Diskussion entspricht. Neu ist zudem die objektorientierte Ausrichtung.

Für wen haben wir nun dieses Buch geschrieben?

- In erster Linie ist es für Informatik-Studenten geschrieben, die zur entsprechenden Vorlesung "Datenstrukturen" ein Begleitbuch benötigen. Es ist stark anwendungsorientiert und ist daher besonders geeignet für den Einsatz in der Ausbildung in Fachhochschulen. Es ist dabei kein Ersatz für ein Einführungsbuch in die Programmierung und stellt ebensowenig eine Sprachbeschreibung für Modula-2 dar.

- Daneben ist es auch geeignet für Jedermann, der nach den ersten Gehversuchen in der Programmierung einen systematischen Zugang zu modernen Methoden der Entwicklung und Nutzung von Datenstrukturen erhalten möchte.

Zum Verständnis der Inhalte dieses Buches ist damit vor allem Erfahrung im Umgang mit einem Computer und seiner Programmierung mithilfe einer höheren Programmiersprache (vorzugsweise Modula-2) nötig. Dabei sollte man nicht nur lesen, sondern beim Lesen parallel die Datenstrukturen und Algorithmen implementieren[1] und damit experimentieren. Dabei wünschen die Autoren sowohl viel Erfolg als auch ein wenig Spaß!

Wenn dieses Buch auch nur zwei namentlich genannte Väter hat, so hat es doch darüber hinaus noch eine Reihe von Helfern. Davon sei besonders Diana Fischer genannt, die in mühevoller Detailarbeit eine Vorversion des Textes aus dem Framework-Datenformat in das AmiPro-Format konvertiert hat. Dank sei auch dem Teubner-Verlag (namentlich Herrn Dr. Spuhler) für die Geduld gesagt, daß die Autoren so unerwartet lange für dieses Buch gebraucht haben.

Nieder-Ramstadt und Fränkisch-Crumbach im März 1994

Werner Burhenne und Heinz-Erich Erbs

---

[1] Wer sich die Implementierung leicht machen möchte, der bestelle sich die Begleitdiskette zum Buch. Nähere Informationen enthält das Kapitel "Hinweise zur Diskette" am Ende des Buches.

Inhaltsverzeichnis

1 Einführung

1.1 Begriffe

Die Lösung von Problemen der realen Welt mit Hilfe eines informationsverarbeitenden Systems erfordert Abstraktionsprozesse. Ergebnisse solcher Abstraktionen werden in der Informatik - sofern es sich um zu verarbeitende Informationen handelt - in der Regel "Objekte" genannt.[2] Mit "Operationen" bezeichnet man dagegen die Anweisungen, die nötig sind, um durch Manipulationen an den Objekten die gewünschten Lösungen schrittweise zu erzielen.

Ein Modell zur Beschreibung der gestellten Aufgabe enthält also eine Menge von unterschiedlichen Objekten und zugehörigen Operationen, die es gilt "vernünftig" zu strukturieren, d.h. in Abhängigkeit von den verschiedensten Einflußbereichen, über die später noch zu sprechen sein wird, zu größeren Einheiten zusammenzufassen, so daß diese von einer "abstrakten Maschine" sinnvoll verarbeitet werden können.

Das Ergebnis dieses Strukturierungsprozesses ist auf der einen Seite eine Sammlung von strukturierten Objekten, genannt Datenstrukturen, ebenso wird man auf der anderen Seite die durchzuführenden Operationen in geeigneter Weise zu Ablaufstrukturen zusammenfassen. Stark vereinfachend kann man dann den so entstandenen Algorithmus zusammen mit den Datenstrukturen als Programmsystem zur Realisierung des gegebenen Modells bezeichnen.

Bevor wir uns mit möglichen Strukturen beschäftigen, wollen wir einige formale Begriffsbestimmungen vornehmen, die im folgenden häufig benutzt werden.

Ausgangspunkt all dieser Begriffe ist die Definition des "Datentyps", bekannt aus dem Typkonzept der prozeduralen Programmiersprachen. Die Motivation zu seiner Einführung liegt darin begründet, daß Objekte hinsichtlich ihrer Verwendung (-> Operationen) geordnet (klassifiziert) werden müssen und es also zweckmäßig erscheint, die Zugehörigkeit zu einer bestimmten Objektklasse als grundlegendes Unterscheidungsmerkmal einzuführen.

Definition: Ein **Datentyp T** bezeichnet die Menge aller Werte, d.h. den Wertebereich, aus dem die Werte eines Objekts x dieses Typs stammen müssen.[3]

Eine entsprechende Vereinbarung wird zum Beispiel in Modula-2 durch die Form

x : T

("das Objekt x ist vom Typ T") dargestellt, sofern das Objekt explizit vereinbart wurde. Eine implizite Vereinbarung liegt dann vor, wenn sich für das Objekt durch seine Schreibweise ein zugehöriger Datentyp eindeutig bestimmen läßt, wie z.B. im Fall eines konstanten Objekts vom Typ REAL mit der Größe 529.72.

---

[2] Wir verwenden hier zunächst den klassischen Objekt-Begriff, ohne an dieser Stelle auf den "objektorientierten" Ansatz Rücksicht zu nehmen.

[3] In der Literatur wird der Begriff Datentyp häufig auch als Zusammenfassung von Wertebereich und zugehörigen Operationen definiert. Wir werden später bei der Besprechung der einzelnen Typen die jeweils anwendbaren Operationen ausdrücklich zusammenstellen.

Wir wollen bereits an dieser Stelle auf eine Alternative hinweisen, die Modula-2 genauso wie andere ähnlich konzipierte Sprachen zur expliziten Typvereinbarung bietet:

Wird der in einem Programmsystem benutzte Datentyp (aus syntaktischen oder semantischen Gründen) einem speziellen Benutzernamen N zugeordnet, so spricht man von einer Typdefinition, die formal durch die Schreibweise

$$N = T$$

dargestellt wird. Die expliziten Typvereinbarungen können dann mit Hilfe des Typnamens in der Form

$$x : N$$

erfolgen. (Die in Modula-2 vorgegebenen Bezeichnungen für die elementaren Standardtypen wie z.B. REAL stellen syntaktisch gesehen sowohl Datentypen wie auch Typnamen dar.)

Die Anzahl der zu einem bestimmten Datentyp gehörenden Werte wird auch Kardinalität von T genannt, wir wollen dies mit K(T) bezeichnen. Dabei kann diese Größe unabhängig von dem zur Verfügung stehenden Rechnersystem oder auch in Abhängigkeit von einer speziellen Speicherdarstellung bestimmt sein.

Beispiele stellen etwa die Kardinalität des Datentyps "BOOLEAN" dar, der aus den zwei Werten "wahr" und "falsch" besteht, also K(BOOLEAN) = 2, oder die Kardinalität des Datentyps REAL, die wegen der durch die Hardware bedingten Darstellung der Gleitkommazahlen nicht durch eine rechnerunabhängige Größe angegeben werden kann. Die Kardinalität eines Datentyps kann auch variabel sein; wir werden in den Kapiteln über dynamische (veränderbare) Datenstrukturen darauf zurückkommen (siehe Kapitel 3 und 4).

Zur weiteren Begriffsbestimmung unterscheiden wir zwischen elementaren Datentypen und strukturierten Datentypen. Bei elementaren (einfachen, primitiven) Datentypen besteht der Wertebereich der angesprochenen Objektklasse aus elementaren, nicht mehr zerlegbaren Werten, wie sie z.B. durch die Standardtypen INTEGER, REAL, CHARACTER oder ähnliche beschrieben sind (siehe 2.1.1). Strukturierte (zusammengesetzte) Datentypen werden dann eingeführt, wenn auf Grund der gewünschten Strukturierung von Objekten eine entsprechende Objektklasse benötigt wird. Beispiel: Zur Beschreibung von Vektoren oder Matrizen wird ein ARRAY - Typ eingeführt.

Mit Hilfe der hier angesprochenen Möglichkeit läßt sich auch der Begriff "Datenstruktur" formal definieren:

Definition: Eine **Datenstruktur S** ist ein zusammengesetztes Objekt von beliebiger Komplexität, dem ein entsprechender strukturierter Datentyp zugeordnet ist.[4]

Im Zusammenhang mit der Verarbeitung von Datenstrukturen ist es hilfreich, für die Einzelobjekte folgende Bezeichnungen einzuführen:

---

4 Häufig wird der Begriff Datenstruktur auch zur Bezeichnung eines strukturierten Datentyps verwendet. Da vor allem in den Lehrbüchern über Programmiersprachen dies in der Regel so gehandhabt wird, werden wir beide Bedeutungen synonym benutzen, sofern nicht in einem speziellen Kontext die präzise Definition benötigt wird.

Wir nennen die einzelnen Bestandteile einer Datenstruktur Komponenten dieser Struktur, demgemäß sprechen wir von dem zugehörigen Komponententyp bzw. den Komponententypen. Besteht eine Datenstruktur aus gleichförmigen Komponenten, d.h. sind alle Komponenten vom gleichen Typ, so wird dieser Grundtyp genannt und die Struktur als homogen bezeichnet.

1.2 Definitionsmethoden

Kehren wir zurück zu der Frage, wie und nach welchen Kriterien Daten- bzw. Ablaufstrukturen entwickelt werden können. Die Strukturierung im Bereich des Anweisungsteils hängt im Wesentlichen von der Anwendung selbst ab - der Aufbau des prozeduralen Teils im Algorithmus orientiert sich an dem logischen und zeitlichen Ablauf der notwendigen Operationen. Daß hierbei gewisse Äquivalenzen zu den Konstruktionen beim Aufbau von Datenstrukturen bestehen, ist einleuchtend und wird weiter unten im Einzelnen gezeigt (siehe 1.4).

Im Bereich der Datenstrukturen gibt es jedoch zu den durch die Aufgabenstellung vorgegebenen Notwendigkeiten eine Reihe zusätzlicher Einflüsse bzw. Einschränkungen. Man kann insgesamt von drei Einflußbereichen ausgehen:

- Den hauptsächlichen Faktor bildet natürlich der **Anwendungsbereich**, aus dem hervorgeht, wie umfangreich die zu verarbeitenden Datenbestände sind, welche Operationen und wie schnell diese durchgeführt werden sollen. (So kann die Auswahl der geeigneten Datenstruktur etwa davon abhängen, ob und in welcher Häufigkeit Such- bzw. Sortiervorgänge anstehen; ein anderes Auswahlkriterium ist z.B. durch den Unterschied zwischen statischem oder dynamischem Aufbau der Struktur gegeben.)

- Bei der **Systemsoftware** spielen die Bestandteile des Betriebssystems, die Unterstützung der Verwaltung von Datenbeständen durch Datenbanksysteme sowie der Einsatz von Compilern eine Rolle.

- Zu den **Hardwareeinflüssen** zählen z.B. die Darstellungsform der Objekte im Arbeitsspeicher, die Möglichkeit des Einsatzes von Arithmetikprozessoren und/oder Prozessoren für parallele Verarbeitung sowie die Konfiguration bezüglich der Externspeicher.

Je nach der Art und dem Grad der Beeinflussung wird man bei der Definition von neuen strukturierten Datentypen unterschiedliche Methoden anwenden können. Bezieht man sich verstärkt auf die Hardwareeinflüsse - so wie in den Anfängen der Datenverarbeitung geschehen -, dann wird eine mehr konstruktive Methode in Frage kommen: Ausgehend von bereits vordefinierten Typen werden höhere Strukturen durch Zusammenfassung (Konstruktion) erzeugt, wobei die Operationen auf diesen Strukturen nicht im Vordergrund stehen.

Nimmt man stattdessen die Art und Weise der mit den vorgesehenen Objekten durchzuführenden Operationen als entscheidende Einflußgröße, so bietet sich ein (moderneres) axiomatisches Verfahren an: Datentypen bzw. Datenstrukturen werden implizit dadurch definiert, daß man für abstrakte Objekte eine Menge von Operationen oder Funktionen mit zugehörigen Eigenschaften beschreibt.

Beide Methoden sollen im folgenden noch etwas eingehender dargestellt und mit Hilfe von Beispielen erläutert werden.

1.2.1 Die konstruktive Methode

Wir gehen davon aus, daß mehrere Datentypen bereits existieren und betrachten die Werte dieser Typen als Bausteine, mit deren Hilfe durch Zusammenfassung ein neuer Datentyp konstruiert wird. Dabei sind die zugrunde gelegten Datentypen nicht notwendigerweise elementar, d.h. ihre Werte müssen nicht "atomar" (im Sinne von nicht weiter zerlegbar) sein. Der neu entstandene höherstufige Typ kann selbstverständlich wiederum als Grundtyp für eine Konstruktion dienen.

Die Konstruktionsvorschrift bei der Erzeugung eines solchen Typs wird in der Regel Typkonstruktor[5] genannt, die dazu inverse Operation Typdestruktor; ein solcher Typdestruktor bildet also aus einem höherstufigen strukturierten Typ durch Zerlegung entsprechende Grundtypen niedriger Stufe. Die unterste Stufe in einer durch solche Konstruktionen bzw. Destruktionen erzeugten Strukturhierarchie stellen die elementaren Datentypen dar, da ihre Komponenten sich per Definition nicht weiter zerlegen lassen (siehe Abbildung 1).

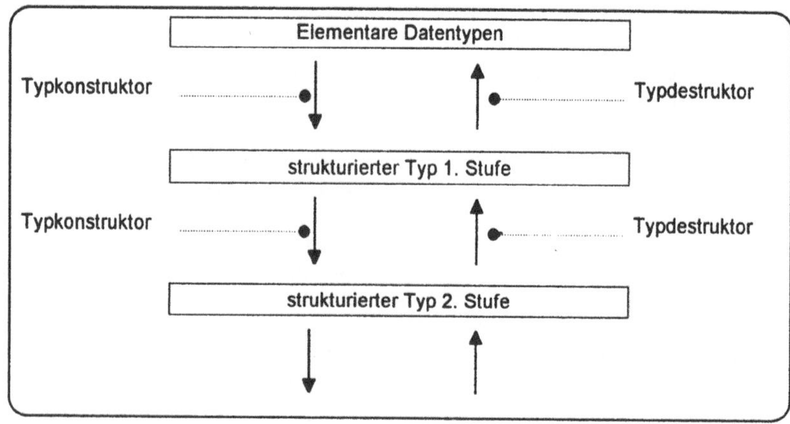

Abb. 1: Typkonstruktoren und -destruktoren

Beispiel:

Der elementare Typ sei INTEGER (Wertebereich der ganzen Zahlen in Abhängigkeit vom benutzten Rechnersystem, z.B. -32768 bis +32767). Wir fassen eine endliche geordnete Menge von n beliebigen Werten des Typs zusammen und konstruieren damit einen strukturierten Typ "Vektor", dessen n Komponenten jeweils aus ganzen Zahlen bestehen (--> strukturierter Typ 1.Stufe). Wir fassen eine endliche geordnete Menge von m beliebigen Werten des Typs Vektor zusammen und konstruieren damit den Typ "Matrix", dessen m Komponenten jeweils aus Vektoren mit je n ganzen Zahlen bestehen (--> strukturierter Typ 2.Stufe).

Unter einer Typdestruktion können wir uns z.B. hier die Zerlegung des Datentyps Matrix in unterschiedlich lange "Diagonalvektoren" vorstellen, d.h. wir erhalten als strukturierte Datentypen 1.Stufe die Datentypen Vektor-1, Vektor-2,..., Vektor-n.

---

[5] Wir verwenden hier den Begriff "Typkonstruktor" zur Unterscheidung der Konstruktion eines strukturierten Objekts, diese wird im folgenden durch den Begriff "Konstruktor" gekennzeichnet.

Es sei hier ausdrücklich vermerkt, daß in den heute gebräuchlichen Programmiersprachen wie in Modula-2 zwar Typkonstruktoren jedoch keine expliziten Typdestruktoren als Sprachelemente vorhanden sind. (Für das vorstehende Beispiel kann man in Modula-2 den Typkonstruktor ARRAY verwenden.)

1.2.2 Die axiomatische Methode

Die einfachen Datentypen, wie z.B. der Wertebereich der ganzen Zahlen, lassen sich interpretieren als logische Konsequenz aus dem gegebenen Befehlsvorrat eines bestimmten Rechners (etwa durch die arithmetischen und die Vergleichsoperationen für ganzzahlige Objekte).

Entsprechend kann man ganz allgemein einen Datentyp dadurch definieren, daß diejenigen Operationen festgelegt werden, die auf die Objekte eines solchen abstrakten Typs wirken. Die "Festlegung" der Operationen muß natürlich so präzise erfolgen, daß der zu definierende Typ eindeutig ist, d.h. es muß eine eindeutige Beschreibung der Eigenschaften gegeben werden.

Dies kann einmal durch eine algebraische Spezifikation - also mit algebraischen Hilfsmitteln wie etwa Relationen - und zum anderen durch eine operationelle Spezifikation - über eine prozedurale Darstellung der Wirkungsweise der Operationen - erfolgen.

Beispiel:

Wir definieren einen Datentyp "Bücherstapel" durch die Operationen, die wir mit einem Objekt dieses Typs vornehmen wollen:

- das "Einrichten" eines Stapels
- das "Auflegen" eines Buches auf den Stapel
- das "Lesen" des obersten Buches (ohne es zu entfernen)
- das "Entfernen" des obersten Buches vom Stapel

Formal läßt sich die Wirkungsweise dieser "Funktionen" etwa so darstellen:

Einrichten	()	liefert:	einen Stapel
Auflegen	(Stapel, Buch)	liefert:	einen Stapel
Lesen	(Stapel)	liefert:	ein Buch
Entfernen	(Stapel)	liefert:	einen Stapel

Dabei erzeugt die Funktion "Einrichten" einen leeren Stapel, und die beiden letzten Funktionen liefern nur dann das entsprechende Ergebnis, wenn der als "Argument" angegebene Stapel nicht leer ist.

Die Bedeutung der vier angesprochenen Operationen inclusive der genannten Einschränkungen muß jetzt noch präzise beschrieben werden, etwa durch axiomatische Relationen von der folgenden Art (algebraische Spezifikation):

Lesen	(Auflegen(Stapel, Buch))	= Buch
Entfernen	(Auflegen(Stapel, Buch))	= Stapel
Lesen	(Einrichten())	= "Fehler"
Entfernen	(Einrichten())	= "Fehler"

Der Begriff "Fehler" soll in diesem Axiomensystem einen speziellen Wert zur Darstellung der entsprechenden Ausnahmesituation bedeuten.

Eine operationelle Beschreibung der Eigenschaften werden wir in den Kapiteln 2 und 3 kennenlernen, in denen gezeigt wird, welche Möglichkeiten Modula-2 zur Realisierung dieser Methode bietet.

1.3 Klassifizierungen

In Anlehnung an die im letzten Absatz beschriebene Definitionsmethode mit dem konstruktiven Ansatz kann man entsprechende Klassifikationen für Datenstrukturen bzw. strukturierte Datentypen bilden.[6] Als Ausgangspunkt für alle strukturierten Formen ergeben sich Objekte eines elementaren (einfachen) Datentyps, da diese gewissermaßen als Atome eines hierarchischen Modells angesehen werden können.

Bei der Konstruktion von neuen (zusammengesetzten) Strukturen unterscheiden wir zunächst zwischen einer linearen und einer nichtlinearen Anordnung der Komponenten und erhalten so das folgende grobe Klassifikationsschema:

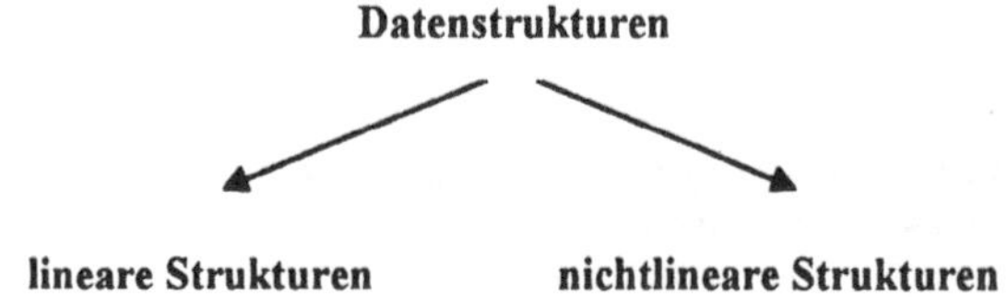

Eine weitere Möglichkeit zur Unterscheidung besteht darin, den Konstruktionszeitpunkt beim Aufbau neuer Objekte als Merkmal zu benutzen; hier kann man unterscheiden zwischen statischen und dynamischen Strukturen. Eine statische Struktur zeichnet sich dadurch aus, daß die Anzahl der Komponenten im zugehörigen strukturierten Typ endlich ist und vor Beginn der Verarbeitung von Objekten dieses Typs feststeht.

Demgegenüber besteht bei einer dynamischen Struktur die Möglichkeit, während der Verarbeitung die Anzahl beliebig zu verändern, d.h. insbesondere beliebig zu vergrößern. Man erhält also die Klassifikation:

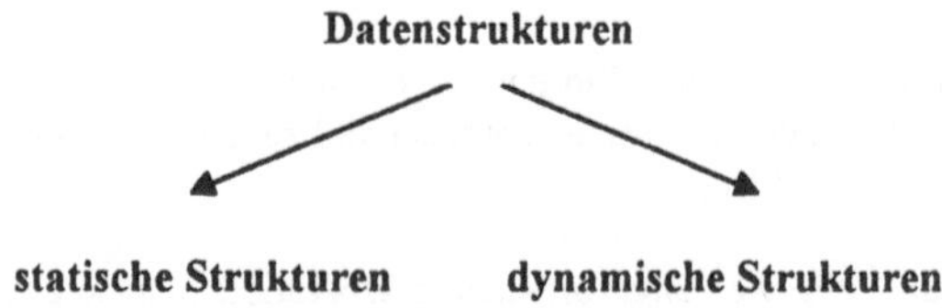

Zur Darstellung nicht endlicher strukturierter Datentypen benötigt man entsprechende Beschreibungsformen; hier bietet sich das Rekursionsprinzip an, das bei der Konstruktion von Algorithmen eine äquivalente Rolle spielt.

---

6 Wir geben hier im folgenden die Klassifikation für Datenstrukturen an, sie gilt sinngemäß auch für entsprechende Datentypen (siehe auch Fußnote 4).

Bei der Realisierung von nichtlinearen Strukturen hat sich in der Praxis die dynamische Form mit ihrer rekursiven Beschreibung durchgesetzt, so daß diese Strukturen in der Regel nicht mehr bei den statischen Strukturen aufgeführt werden. Unter dieser Einschränkung kann man demnach das folgende detaillierte Schema angeben, wobei die einzelnen Untergliederungen erst zu einem späteren Zeitpunkt erklärt werden (Kap.2, 3 und 4; siehe Abbildung 2):

Datenstrukturen	statische Strukturen (fundamentale S.)	Reihe		
		Satz	Satz ohne Auswahl	
			Satz mit Auswahl	
		Menge		
	dynamische Strukturen	lineare dyn. Strukturen	Sequenz	
			Verkettete Liste	
		nichtlineare dyn. Strukturen	Baumstrukturen	Binärbaum
				Vielwegbaum
			Graph	

Abb. 2: Klassifikation von Datenstrukturen bei konstruktivem Ansatz

Wie schon zu Beginn dieses Abschnitts erwähnt, dienen die elementaren (nicht zerlegbaren) Datentypen bzw. Objekte eines solchen Typs als atomare Bausteine bei allen angesprochenen Konstruktionen. Bei den meisten modernen prozeduralen Programmiersprachen hat sich - ausgehend von den Erfordernissen der praktischen Anwendung - eine Gliederung dieser elementaren Typen durchgesetzt, die häufig in einer Übersicht über Datenstrukturen enthalten ist. Wir wollen diese Gruppierung deswegen im Vorgriff auf das Kapitel 2 und in Anlehnung an die Möglichkeiten von Modula-2 hier skizzieren (Abbildung 3):

Elementare Datentypen	Maschinennahe Datentypen	WORD
		ADDRESS
	Standarddatentypen	CARDINAL
		INTEGER
		REAL
		CHAR
		BOOLEAN
	Benutzerdefinierte Datentypen	Aufzählung
		Ausschnitt

Abb. 3: Klassifikation der elementare Datentypen bei Modula-2

Eine Klassifikation von Datenstrukturen, die nicht der konstruktiven Definitionsmethode folgt, ergibt sich - in Äquivalenz zur axiomatischen Definition - dadurch, daß man die Strukturunterschiede unter dem Aspekt der Relationen betrachtet, die auf einer Menge von bestimmten Objekten dieses Typs definiert sind.

Unter allen möglichen und denkbaren Relationen spielen vor allem die beiden im folgenden genannten binären Relationen eine wesentliche Rolle:

- Totalordnung (dabei sind auch mehrere Totalordnungen zur Definition denkbar)
- Äquivalenzrelation

(Wir erinnern an die entsprechenden mathematischen Definitionen:

1. Eine Ordnungsrelation stellt eine reflexive, transitive und antisymmetrische Relation dar.
   Bsp.: "x teilt y" - Relation in **N**

2. Eine Totalordnung in einer Menge bedeutet, daß je zwei Elemente der Menge bezüglich der Relation vergleichbar sind.
   Bsp.: "<=" - Relation in **R**

3. Eine Äquivalenzrelation bedeutet, daß die Relation reflexiv, transitiv und symmetrisch ist.
   Bsp.: "=" - Relation in einer beliebigen Menge)

Daneben werden zur Definition von allgemeineren Strukturen aber auch beliebige binäre Beziehungen für die erzeugenden Objekte ausgewählt. Unterschieden wird dabei zwischen den Möglichkeiten, eine einzige beliebige Relation oder mehrere beliebige Relationen zuzulassen. Eine Gliederung erhält man also durch die Abgrenzungen mit den vier angedeuteten Fällen:

- Die Totalordnung führt auf Grund ihrer Eigenschaft "Vergleichbarkeit" zu den linearen Strukturen, wobei sich ein- oder mehrdimensionale lineare Strukturen ergeben in Abhängigkeit von der Anzahl der Totalordnungen (Beispiel: Ein- oder mehrdimensionale Tabellen).

- Die Äquivalenzrelation, deren wesentliche Eigenschaft darin besteht, Objektmengen in Klassen zu zerlegen, führt zum Begriff der "Partition", der im Bereich der Informatik i.a. durch Baumstrukturen verkörpert wird.

- Die beliebige binäre Relation stellt Objekte in einen Zusammenhang, den man durch einen gerichteten Graphen veranschaulicht, was den entsprechenden Strukturen ihren Namen gibt.

- Mehrere beliebige Relationen führen schließlich zum Begriff der Assoziation, die Beziehung zwischen den Objekten werden durch "assoziative" Relationen definiert; entsprechende Strukturen werden relational genannt.

Ein Schema, das sich an dieser Gliederung orientiert, hat somit die folgende Gestalt (Abbildung 4):

Datenstrukturen	lineare Strukturen
	Baumstrukturen
	gerichtete Graphen
	beliebige relationale Strukturen

Abb. 4: Klassifikation von Datenstrukturen (Relationenansatz)

1.4 Daten oder Ablauf: Was zuerst entwerfen?

Der aufmerksame Leser/die aufmerksame Leserin wird die in der Überschrift enthaltene Frage schon alleine aus unseren Andeutungen im Vorwort heraus beantworten können:

> Es kann keine vorgeschriebene Reihenfolge beim Entwurf von Ablauf- oder Datenstrukturen geben!

Der Abstraktionsprozeß bei der Lösung eines Problems mit Hilfe von Rechnersystemen umfaßt die Modellierung aller im Problem vorhandenen Objekte bezüglich ihrer Eigenschaften und ihrer Verhaltensweisen. Folglich muß jedes Objekt daraufhin untersucht werden, welche Werte es annehmen kann und gleichzeitig wie mit diesen Werten operiert wird. Daraus resultieren zwei parallel verlaufende Strukturierungsprozesse, die auch durch Äquivalenzen unterstützt werden.

Als Strukturierungskonzepte im Bereich der Ablaufstrukturen bei prozeduraler Vorgehensweise sind bekannt:

- Sequenz (Anweisungsfolge; Verbundanweisung; zusammengesetzte Anweisung; "begin - end" - Struktur)
- Alternative (bedingte Verzweigung; Fallunterscheidung; "if - then - else" - Struktur bzw. "case" - Struktur)
- Iteration (Wiederholungsanweisung; Schleife; "while" - Struktur bzw. "until" - Struktur bzw. "for" - Anweisung)
- Rekursion (rekursive Prozeduren bzw. rekursive Funktionen)

Diese Konzepte lassen sich auch - losgelöst von ihrer Anwendung im Programmablauf - als übergeordnete, allgemeingültige Strukturierungshilfsmittel betrachten, etwa in der folgenden Form (ausgehend von elementaren Bausteinen):

- endliche Aufzählung von unterschiedlichen Bausteinen
- Wahl zwischen endlich vielen alternativen Bausteinen
- Wiederholung von gleichartigen Bausteinen um eine feste, bekannte und endliche Zahl
- Wiederholung von gleichartigen Bausteinen um eine anfänglich unbekannte, möglicherweise unbegrenzte Zahl
- Baustein, der (direkt oder indirekt) sich selbst als Definition enthält

Mit Hilfe dieser Abstraktionen lassen sich nun relativ leicht Strukturierungskonzepte für den Entwurf von Datenstrukturen herleiten, wenn man den Begriff "Baustein" etwa durch den Begriff "Datentyp" ersetzt. Man erhält so zum Beispiel die folgenden strukturierten Datentypen (wie sie zum Teil bereits im konstruktiven Klassifikationsschema dargestellt wurden):

- **Satz** als endliche, aufzählende Zusammenfassung von unterschiedlichen Datentypen
- **Satz mit Auswahl** als Auswahl zwischen endlich vielen alternativen Datentypen
- **Reihe** als endliche, aufzählende Zusammenfassung von gleichartigen Datentypen
- **sequentielle Datei** oder **lineare verkettete Liste** als lineare Zusammenfassung einer unbegrenzten Anzahl von gleichartigen Datentypen - dynamisch veränderbar
- **Baumstruktur** als Zusammenfassung einer unbegrenzten (dynamisch veränderbaren) Anzahl von Komponenten eines Wurzelbaums in einer rekursiven Darstellung

Vergleicht man die Konzepte aus den Ablaufstrukturen mit den aus den entsprechenden Abstraktionen hergeleiteten Datenstrukturen, so kann man zu folgendem Äquivalenzschema kommen:

Ablaufstruktur	Datenstruktur
Sequenz	Satz
Alternative	Satz mit Auswahl
Iteration (begrenzt)	Reihe
Iteration (unbegrenzt)	sequentielle Datei / lineare Liste
Rekursion	Baumstruktur

Der Hinweis auf diese speziellen Äquivalenzen soll noch einmal verdeutlichen, wie wichtig die angesprochene Parallelität zwischen Daten- und Ablaufstrukturierung beim Programmentwurf ist:

Datenstrukturen eines bestimmten Konzepts werden in der Regel auch in äquivalenten Ablaufstrukturen verarbeitet, umgekehrt wird man bei der Strukturierung von vorgegebenen Abläufen sinnvollerweise äquivalente Datenstrukturen für die entsprechenden Objekte benutzen.

2 Fundamentale Datentypen und Ablaufstrukturen

2.1 Anweisungen/Ablaufstrukturen in Modula-2

2.1.1 Elementare Anweisungen

Bevor wir uns der Beschreibung der Datentypen und den strukturierten Objekten zuwenden, wollen wir eine Übersicht über die in Modula-2 vorhandenen Möglichkeiten zur Ablaufstrukturierung geben. Dies erfolgt vor allem im Hinblick auf die in den weiteren Abschnitten zu zeigenden Beispiele zu den einzelnen Datenstrukturen. Es soll jedoch auch an dieser Stelle noch einmal an die im Kapitel 1.4 aufgezeigten Äquivalenzen zwischen Daten- und Ablaufstrukturen erinnern.

Die im Bereich der sequentiellen prozeduralen Programmierung vorkommenden Anweisungen lassen sich semantisch in zwei Gruppen zusammenfassen: elementare (unstrukturierte) Anweisungen und strukturierte Anweisungen. In Äquivalenz zu der Beschreibung der elementaren Datentypen wollen wir auch kurz auf die elementaren Anweisungen eingehen.

Elementare Anweisungen dienen dazu, einzelne Aktionen zu beschreiben, deren Ausführung keinen Einfluß auf die Reihenfolge innerhalb des Programmablaufs hat und die in *dem* Sinne atomare Bausteine darstellen, als sie vom Programmentwurf her gesehen nicht weiter zerlegbar (unstrukturiert) sind. Modula-2 kennt als elementare Anweisungen:

- die Wertzuweisung
- die Prozeduranweisung
- die Leeranweisung.

Wir setzen im folgenden Grundkenntnisse über Programmstrukturen in einer höheren Programmiersprache voraus und beschränken uns auf eine kurze Beschreibung der Anweisungen bzw. Ablaufstrukturen in Modula-2. Dabei werden auch keine syntaktischen Einzelheiten dargestellt; auch hier verweisen wir auf die Modula-Spezialliteratur.

- **Die Wertzuweisung**

  Sie wird wie üblich in der Form

  ```
  v := a
  ```

  realisiert, wobei v einen Bezeichner für die Zuweisungsvariable und a den Ausdruck darstellt, der den zuzuweisenden Wert bestimmt. Die Wertzuweisung wird in drei Stufen ausgeführt:

- Bestimmung der Adresse für den Ergebniswert
- Auswertung des Ausdrucks
- Zuweisung des ermittelten Wertes an die vorher bestimmte Adresse

An dieser Stelle soll besonders darauf aufmerksam gemacht werden, daß speziell in Modula-2 eine strenge Ausdrucks- und Zuweisungskompatibilität gilt, die allerdings in der Regel beim Übersetzungsvorgang bereits überprüft wird. Dieses ausgeprägte Verträglichkeitskonzept stellt einen hohen Sicherheitsfaktor dar und zeichnet neben weiteren speziellen Konzepten Modula-2 gegenüber anderen meist älteren prozeduralen Sprachen aus. Beispiele dafür finden sich etwa bei der Zuweisung von Reihenobjekten an entsprechende Variable (siehe Kapitel 2.2.2).

- **Die Prozeduranweisung**

Sie folgt dem auch in anderen Sprachen verwirklichten Prozedurenkonzept (Unterprogrammkonzept) und dient dazu, eine Anweisungsfolge zu aktivieren, die in der Vereinbarung der entsprechenden "gerufenen" Prozedur enthalten ist. Nach Durchführung dieser Folge wird der Programmablauf mit der nach der Prozeduranweisung folgenden Anweisung fortgesetzt.

Der Prozeduraufruf selbst erfolgt i.a. in der Form

```
name (p1, p2, ..., pr)
```

wobei name für den identifizierenden Prozedurnamen steht und p_1 bis p_r die Liste der aktuellen Parameter darstellt, die zum Austausch von Objekten zwischen rufendem Programmteil und gerufener Prozedur dienen.

Wir weisen speziell darauf hin, daß eine "Funktionsprozedur" - zur Ermittlung genau eines Ergebniswertes - im Gegensatz zur eigentlichen Prozedur nicht über eine eigene Prozeduranweisung sondern mittels eines sogenannten Funktionsaufrufs innerhalb eines Ausdrucks aktiviert wird.

Einzelheiten zur Verwendung von Prozeduren vor allem im Zusammenhang mit dem Konzept der Rekursion werden wir im Kapitel 2.3 besprechen.

- **Die Leeranweisung**

Die Leeranweisung bezeichnet eine "Nullaktion" und stellt hauptsächlich ein syntaktisches Hilfsmittel dar, um bei der Grammatik der Ablaufstrukturen größere Freiheiten zu haben. Sie wird nicht mit Hilfe einer speziellen Symbolik erzeugt sondern entsteht automatisch dort, wo auf Grund der syntaktischen Regeln eine Anweisung vorgesehen ist, jedoch keine bestimmte Aktion durchgeführt werden soll. Siehe hierzu auch das Beispiel in der Abbildung 5:

```
IF Determinante = 0
    THEN
            (* hier steht syntaktisch eine Leeranweisung      *)
            (* mit der Bedeutung, daß in diesem Fall          *)
            (* "nichts" ausgeführt werden soll                *)
    ELSE  Wert := Zaehler / Determinante;
            (* hier steht auch eine Leeranweisung, da das     *)
            (* Semikolon als Trennzeichen zwei Anweisun -     *)
            (* gen voneinander trennt; das Trennzeichen       *)
            (* kann natürlich auch entfallen!                 *)
END
```

Abb. 5: Beispiel für Leeranweisung

2.1.2 Ablaufstrukturen

Die strukturierten Anweisungen einer prozeduralen Programmiersprache lassen sich gemäß den drei Grundstrukturen der algorithmischen Programmierung gruppieren:

- Sequenz
- Alternative
- Iteration

Modula-2 unterstützt diese Strukturen durch die folgenden Sprachelemente.

- **Die Sequenz**

  Eine Sequenz ist eine Anweisungsfolge in der Form

  $s_1; s_2; \ldots; s_r$

  wobei s_i für eine beliebige Anweisung steht.

- **Die Alternative**

  Eine Alternative wird primär durch eine "bedingte Anweisung" dargestellt in der Form

  IF b THEN s_1 ELSE s_2 END

  sowie durch die Varianten

  IF b THEN s END

und

```
IF b THEN s ELSIF b1 THEN s1
            ELSIF b2 THEN s2
            ...
            ...
            ELSIF br THEN sr
             ELSE sn
END
```

wobei b bzw. b_i für beliebige boolesche Ausdrücke und s bzw. s_i für beliebige Anweisungen steht. (In der zweiten Variante kann der ELSE s_n - Zusatz auch entfallen.)

- **Die Iteration**

Die Iteration wird primär durch eine "Wiederholungsanweisung" in der Form

```
WHILE b DO s END
```

dargestellt sowie durch die Varianten

```
REPEAT s UNTIL b
```

und

```
LOOP s END
```

ergänzt, wobei b für einen beliebigen booleschen Ausdruck und s für eine beliebige Anweisung steht.

Wir verzichten auf eine ausführliche Beschreibung der Semantik dieser Strukturen und verweisen stattdessen auf ein Beispiel (siehe Abbildung 6). Dabei soll dieses Beispiel auch illustrieren, daß ein intensiver Einsatz der Strukturierungsmethoden innerhalb einer Programmeinheit die Komplexität des Algorithmus dramatisch erhöhen kann - der Einsatz von Strukturierungsmethoden auf höherer Ebene (wie z.B. Prozeduren) wird notwendig!

```
MODULE Wurzel;
(* Beispiel für die Ablaufstrukturen und ihre Realisierung in Modula-2. Das Programm
     berechnet die n-te Wurzel aus einer reellen Zahl x, mit einer vorgegebenen kon-
     stanten Genauigkeit  e= 0.000001. Als zusätzliche Eingabegröße wird die Größe
     z (maximale Schrittanzahl) verlangt.                    *)
FROM IO IMPORT
     WrLn,WrCard,WrInt,RdCard,RdReal,WrReal,WrStr;
CONST e = 0.000001;
VAR  x, w, neu, diff, hoch : REAL;
    n : INTEGER;
    schalter: BOOLEAN;
    i, j, z : CARDINAL;
BEGIN
 REPEAT
  schalter:= TRUE;
  WrStr("n und x eingeben"); x:= RdReal(); n:= TRUNC(x);
  x:= RdReal();
  IF n <= 0
   THEN WrStr("n muß natürlich sein, Eingabefehler!");
      schalter:= FALSE;
   ELSIF NOT ODD(n) AND (x < 0.0)
    THEN
    WrStr("Bei geradem n darf Radikand nicht negativ sein!");
    schalter:= FALSE;
  END;
 UNTIL schalter;
 WrStr("Maximalanzahl der Iterationsschritte: "); z:= RdCard();
 IF x = 0.0
  THEN w:= 0.0
  ELSE
   w:= x; j:= 0;
   REPEAT
    hoch:= 1.0;
    i:= 1;
    WHILE i<= n-1 DO hoch:= hoch * w; i:= i+1 END;
  (*stattdessen auch: FOR i:= 1 TO n-1 DO hoch:=hoch*w END;*)
    neu:= 1.0/REAL(n)*(REAL(n-1)*w+x/hoch);
    diff:= w - neu;
    w:= neu;
    j:= j + 1
   UNTIL (ABS(diff) <= e * ABS(w)) OR ( j = z )
 END;
 WrStr("Die "); WrInt(n,3); WrStr(" -te Wurzel aus ");
 WrReal(x,10,2);  WrStr(" ist : ");
 IF j = z
  THEN  WrStr(" nicht zu bestimmen!");
      WrStr(" Der Näherungswert bis zum ");
      WrInt(j,4);
      WrStr(" - ten Schritt ist: ")
 END;
 WrReal(w,10,2);
END Wurzel.
```

Abb. 6: Beispiel für Einsatz der Ablaufstrukturierung

2.1.3 Zusätzliche Anweisungen

Wir vervollständigen nun die Liste der Anweisungen in Modula-2 und ordnen sie - soweit möglich - den Grundstrukturen zu.

- **Die Fallunterscheidung (CASE)**

ist eine vereinfachende Darstellung einer mehrfach geschachtelten bedingten Anweisung und dient hauptsächlich zur Unterstützung des speziellen Satztyps, bei dem Komponenten-Varianten vorkommen (varianter "record"). Diese Anweisung ist also der Struktur "Alternative" zuzuordnen und wird in der folgenden Form benutzt:

```
CASE a OF l1: s1 |
          l2: s2 |
          ...
          ...
          lr: sr
       ELSE s
END
```

Dabei ist a ein Ausdruck, dessen Typ einfach und vollständig geordnet ist, l_i sind Listen von Konstantenausdrücken bzw. Wertebereichen und s_i bzw. s sind beliebige Anweisungen. Der ELSE s-Zusatz kann auch entfallen.

- **Die Zählschleife**

in der Form der sogenannten "FOR-Anweisung" gehört zur Gruppe der Iterationen, hat jedoch die einschränkende Eigenschaft, daß die endliche Anzahl der Wiederholungen beim Entwurf der Struktur feststeht und somit speziell zur Unterstützung der Datenstruktur "Reihe" dient (siehe Kapitel 2.4).

Darstellungsform:

```
FOR v:= a1 TO a2 BY a3 DO s END
```

v steht für die Kontrollvariable, a_1, a_2 und a_3 sind Ausdrücke (wobei a_3 ein Konstantenausdruck sein muß) und s steht für eine beliebige Anweisung.

- **Die WITH - Anweisung**

kann man zur Gruppe der Sequenzen zählen. So wie die Zählschleife zur Unterstützung des Reihentyps dient, wird hier eine Möglichkeit gegeben, um Objekte bzw. Komponenten von Objekten eines Satztyps in einer programmierfreundlichen Art zu verarbeiten.

Darstellungsform:

```
WITH v DO s END
```

v steht für die Satzvariable, deren Komponenten innerhalb der durch s charakterisierten Anweisungsfolge verarbeitet werden sollen.

- **Die Anweisung EXIT**

  darf nur innerhalb einer LOOP-Schleife verwendet werden und führt dort bei ihrem Auftreten zum sofortigen Abbruch der Wiederholung. Sie stellt keine eigenständige Struktur dar und wird nur in der formalen Syntaxbeschreibung als unabhängige Anweisung geführt.

- **Die Anweisung RETURN**

  spielt eine ähnliche Rolle. Sie darf nur innerhalb einer Prozedurvereinbarung verwendet werden und führt zum Abbruch der Anweisungsfolge innerhalb des "Prozedurenkörpers". Auch hier gilt die bei EXIT gegebene Charakterisierung als Anweisung.

Für die zuletzt genannten Anweisungen geben wir an anderer Stelle (d.h. im Zusammenhang mit der Besprechung der Datenstrukturen) Beispiele an.

2.2 Elementare und strukturierte Datentypen einfacher Art

2.2.1 Einfache Datentypen

Wir haben schon bei der Klassifizierung der Datentypen in Kapitel 1.3 gesehen, daß Modula-2 außer den üblichen Standardtypen einige zusätzliche, ebenfalls als elementar einzustufende Datentypen kennt. Wir wiederholen diese Gruppierung kurz, um anschließend auf einige Details der angesprochenen Typen einzugehen:

- Standarddatentypen
- Benutzerdefinierte Datentypen
- Maschinennahe Datentypen

2.2.1.1 Die Standarddatentypen

Sie sind bedingt durch den Befehlssatz einer Maschine, mit der man <u>einfache</u> Objekte manipulieren kann; man erhält auf diese Weise zwangsläufig folgende Zuordnungen:

Festkommabefehle	—> Datentyp INTEGER oder CARDINAL
Gleitkommabefehle	—> Datentyp REAL
Aussagenlogische Befehle	—> Datentyp BOOLEAN

Zeichenverarbeitende Befehle ---> Datentyp CHAR (character)

Wir beschreiben im folgenden die einzelnen Möglichkeiten zusammen mit den jeweiligen Operationen[7].

- **Datentyp CARDINAL (Varianten: SHORTCARD, LONGCARD)**

  Er umfaßt eine Teilmenge der natürlichen Zahlen inclusive der Zahl 0. Der Wertebereich wird - in Abhängigkeit von der vorgegebenen Hardware - durch

  ```
  MIN (CARDINAL) <= x <= MAX (CARDINAL)
  ```

  beschrieben, wobei MIN bzw. MAX Funktionen sind, die als Argument den entsprechenden Typnamen verlangen und als Ergebnis die jeweils kleinsten bzw. größten Werte der Datentypen liefern.

  In unserem Fall gilt:

  ```
  MIN(CARDINAL)   = 0      MAX(CARDINAL)   = 65535
  MIN(SHORTCARD)  = 0      MAX(SHORTCARD)  = 255
  MIN(LONGCARD)   = 0      MAX(LONGCARD)   = 4294967295
  ```

  Zulässige Operationen sind:

  Arithmetik: + - * DIV MOD
  Vergleiche: = <> <= >= < > IN
  Zuweisung: :=

- **Datentyp INTEGER (Varianten: SHORTINT, LONGINT)**

  Er umfaßt eine Teilmenge der ganzen Zahlen. Der Wertebereich wird - in Abhängigkeit von der vorgegebenen Hardware - durch

  ```
  MIN (INTEGER) <= x <= MAX (INTEGER)
  ```

  beschrieben, wobei MIN bzw. MAX Funktionen sind, die als Argument den entsprechenden Typnamen verlangen und als Ergebnis die jeweils kleinsten bzw. größten Werte der Datentypen liefern.

  In diesem Fall gilt:

  ```
  MIN(INTEGER)   = -32768        MAX(INTEGER)   = 32767
  MIN(SHORTINT)  = -128          MAX(SHORTINT)  = 127
  MIN(LONGINT)   = -2147483648   MAX(LONGINT)   = 2147483647
  ```

---

[7] Wir verwenden dabei die Sprachelemente von Modula-2, wie sie durch das Modula-2-Entwicklungssystem "TopSpeed[R] Modula-2 version 3.1" von Clarion Software [Clarion 92] (vormals vertrieben von Jensen&Partners) vorgegeben werden. TopSpeed Modula-2 basiert im Wesentlichen auf der Sprachdefinition von N. Wirth [Wirth 88].

Zulässige Operationen:

Arithmetik: + - * DIV MOD
Vergleiche: = <> <= >= < > IN
Zuweisung: :=

- **Datentyp REAL (Variante: LONGREAL)**

Er umfaßt eine Teilmenge der reellen Zahlen. Der Wertebereich hängt von den für die Speicherung von Mantisse und Charakteristik zur Verfügung stehenden Speicherstellen ab.

In unserem Fall gilt im Einzelnen:

für REAL (24-bit Mantisse incl. Vorzeichen, 8-bit Charakteristik)

$$\sim -3.4E^{+38} <= x <= \sim -1.2E^{-38}$$
und
$$\sim 1.2E^{-38} <= x <= \sim 3.4E^{+38}$$

für LONGREAL (53-bit Mantisse incl. Vorzeichen, 11-bit Charakteristik)

$$\sim -1.7E^{+308} <= x <= \sim -2.3E^{-308}$$
und
$$\sim 2.3E^{-308} <= x <= \sim 1.7E^{+308}$$

Für die praktische Anwendung ist dabei vor allem der Genauigkeitsbereich von Interesse, da diese Größe alleine Aufschluß über die relative Genauigkeit (bzw. den relativen Rundungsfehler) bei dem benutzten Datentyp gibt[8]:

für REAL $\sim 5.96E^{-8}$
für LONGREAL $\sim 1.11E^{-16}$

Zulässige Operationen:

Arithmetik: + - * /
Vergleiche: = <> <= >= < > IN
Zuweisung: :=

- **Datentyp BOOLEAN**

Er umfaßt den Wertebereich der beiden Wahrheitswerte "falsch" und "wahr", die als geordnet betrachtet werden mit der Reihenfolge "falsch" vor "wahr", damit ist

$$K(T) = 2.$$

---

[8] Angegeben ist hier der bei korrekter Rundung (d.h. zuerst "normalisieren", anschließend "runden" auf die nächstgelegene Gitterzahl) entstehende maximale Rundungsfehler von $0.5*B^{-m+1}$, wo B die Basis und m die Mantissenlänge der benutzten Speicherdarstellung bedeuten.

Zulässige Operationen:

Aussagenlogik: NOT AND OR
Vergleiche: = <> <= >= < > IN
Zuweisung: :=

- **Datentyp CHAR (character)**

Er umfaßt alle in einem bestimmten (Hardware-abhängigen) Zeichensatz verfügbaren Zeichen. Dabei werden diese als geordnet betrachtet, d.h. jedem Zeichen ist eine Ordnungsnummer zugeordnet, beginnend mit der Ordnungsnummer 0. Wie in anderen Sprachen so wird auch in Modula-2 für den Zeichensatz folgende Konvention festgesetzt:

1. Der Datentyp enthält 52 lateinische Buchstaben (Groß- und Kleinbuchstaben), die Dezimalziffern 0 bis 9, das Leerzeichen und eine gewisse Anzahl von Sonderzeichen.

2. Die Teilmengen Großbuchstaben und Kleinbuchstaben sind in sich lexikographisch geordnet und zusammenhängend.
(Bsp.: Falls ('A' <= x) und (x <= 'Z'), dann folgt, daß x Großbuchstaben ist.)

3. Die Teilmenge der Dezimalziffern ist zusammenhängend geordnet.

Die Kardinalität ist hier K(T) = 256.

Zulässige Operationen:

Vergleiche: = <> <= >= < > IN
Zuweisung: :=

2.2.1.2 Benutzerdefinierte Datentypen

- **Aufzählungstyp**

Beim Abstraktionsprozeß, der aus einer realen Aufgabenstellung ein Modell mit Daten- und Ablaufstrukturen entstehen läßt, ergibt sich häufig das Problem, elementare reale Objekte auf Objekte von vorgegebenen Standardtypen abzubilden. (Beispiel: Objekte "rot", "grün", "blau" werden auf Objekte 1, 2, 3 vom Typ CARDINAL abgebildet.) Dies erscheint aus mehreren Gründen wenig sinnvoll: Einerseits ist es im Sinne einer klaren Trennung von Anwendung und Implementierung auf einem Rechner vernünftig, Objekte so bezeichnen zu können, wie sie in der realen Welt benannt werden, andererseits wird z.B. auch die Korrekturfähigkeit eines entwickelten Quellcodes verbessert ("rot" sagt mehr aus als 1 !). Um diesem Problem zu begegnen, wird in vielen modernen Sprachen ein entsprechender Benutzertyp eingeführt:

Definition: Sei $W = \{ w_1, w_2, \dots, w_n \}$ eine vollständig geordnete Menge von n Werten, die ein Objekt annehmen kann, dann wird durch diesen Wertebereich ein **Aufzählungstyp** T' definiert. Dabei sind w_i die benutzerdefinierten Namen der einzelnen Werte mit $w_1 < w_2 < \dots < w_n$.

Die Kardinalität ist offensichtlich K(T') = n.

Zulässige Operationen:

Vergleiche: = <> <= >= < > IN
Zuweisung: :=

Syntaktische Realisierung in Modula-2:

Der Aufzählungstyp wird hier dadurch umgesetzt, daß die einzelnen Werte - repräsentiert durch Namen - in einer Liste explizit aufgezählt und mit Klammersymbolen zu einer Einheit zusammengeschlossen werden. Mit dem in Kapitel 1 bereits eingeführten Typnamenkonzept kann man also schreiben

$$N_T = (w_1, w_2, \dots, w_n)$$

wobei N_T einen benutzerdefinierten Typnamen darstellt. Die Größen w_1 bis w_n sind maschinenintern den Ordnungsnummern von 0 bis n-1 zugeordnet.

Beispiel:

```
TYPE Woche = (Montag,Dienstag,Mittwoch,Donnerstag, Freitag,Samstag,Sonntag);
VAR Tag: Woche;
  ...............
  (* dann sind z.B. folgende Ablaufstrukturen denkbar:*)

  IF Tag < Samstag THEN ........
  END;

  CASE Tag OF
          Montag .. Mittwoch:          .............. |
          Donnerstag, Freitag:         .............. |
          Samstag:               ..............
      ELSE ..................................
  END;

  FOR Tag:= Montag TO Samstag DO
  ................
  END;
```

Abb. 7: Beispiel eines benutzerdefinierten Datentyps

- **Unterbereichs- oder Ausschnittstyp**

Eine weitere sinnvolle benutzerorientierte Definition für einen Datentyp ergibt sich aus dem Wunsch, einen Ausschnitt eines bestehenden oder vorher als Aufzählung definierten Wertebereichs als neuen Teil-Wertebereich (kurz: Unterbereich) zu deklarieren. Dies erfolgt vor allen Dingen, um Laufzeitfehlermeldungen bei z.B. falschen Wertzuweisungen zu ermöglichen. (Beispiel: Eine Zuweisung des Wertes 17 an ein Objekt "Monat" vom Typ CARDINAL kann nur dann als "fehlerhaft" erkannt werden, wenn der CARDINAL-Bereich auf die Werte zwischen 1 und 12 eingeschränkt wird.)

Definition: Sei T ein einfacher Datentyp mit einem total geordneten Wertebereich. Dann definiert eine geordnete Teilmenge von T mit m Werten den durch T induzierten **Unterbereich** T'. T wird in diesem Fall auch Basistyp von T' genannt.

Die Kardinalität ist offensichtlich K(T') = m.

Zulässige Operationen:

Die auf T' zulässigen Operationen entsprechen den Operationen des Basistyps.

Objekte vom Typ T' und Objekte vom zugehörigen Basistyp T sind ausdrucks- und zuweisungskompatibel[9].

Syntaktische Realisierung in Modula-2:

Der Unterbereich wird durch die Angabe des kleinsten und größten Wertes des gewünschten Ausschnitts dargestellt. Die beiden Grenzwerte werden durch zwei Trennpunkte voneinander getrennt und mit Klammersymbolen versehen.

Es gilt bei Benutzung des Typnamenskonzepts:

$$N_T = [w_1..w_m]$$

wobei N_T ein benutzerdefinierter Typname ist. w_1 und w_m sind die beiden Grenzen, die in Form von "Konstantenausdrücken" angegeben werden und vom Typ T sein müssen.

Zur Verdeutlichung kann dem Unterbereich der Typname des Basistyps vorangestellt werden. Dies ist darüber hinaus zwingend erforderlich, wenn ein Ausschnitt von INTEGER mit positiven Grenzen als INTEGER-Unterbereich benutzt werden soll.

Beispiel: `INTEGER [0..10]` ist ein INTEGER-Unterbereich, dagegen ist `[0..10]` ein CARDINAL-Unterbereich.

---

[9] Ausdruckskompatibilität oder Ausdrucksverträglichkeit bedeutet, daß alle in einem Ausdruck enthaltenen Operanden und Operatoren zueinander passen. Zuweisungskompatibilität oder Zuweisungsverträglichkeit bedeutet, daß die Zuweisungsvariable und der wertbestimmende Ausdruck ausdruckskompatibel sind.

Nach der im Beispiel auf Seite 32 (Aufzählungstyp) gegebenen Typdefinition "Woche" ist eine Ausschnittsdefinition in der folgenden Form denkbar:

```
TYPE Werktag = [Montag..Freitag]
```

Die Definition

```
TYPE Grossbuchstaben = ["A".."Z"]
```

stellt einen Ausschnitt vom Typ CHAR dar.

2.2.1.3 Maschinennahe Datentypen

Wir verweisen an dieser Stelle auf die Möglichkeiten, im Hinblick auf eine maschinennahe Programmierung weitere einfache Datentypen einzuführen. Es handelt sich hierbei jedoch um Definitionen, die auf einer niederen Abstraktionsebene - also nicht mehr völlig unabhängig von der zu benutzenden Hardware - angesiedelt sind. Da dies aus dem Konzept unserer Darstellungen herausfällt, sollen nur kurz die beiden in Modula-2 vorhandenen Realisierungen erwähnt werden.

Es handelt sich um die Datentypen

- WORD zur Kennzeichnung, daß ein bestimmtes Objekt genau ein Speicher"wort" der entsprechenden Maschine belegt
- ADDRESS zur Kennzeichnung, daß ein bestimmtes Objekt auf eine "Adresse" eines Speicherworts verweist.

(Der Datentyp ADDRESS kann damit auch durch die Darstellung

```
ADDRESS = POINTER TO WORD
```

charakterisiert werden. Siehe hierzu auch Kapitel 3.3.)

2.2.2 Der Reihentyp

Bei Problemstellungen aus dem mathematisch-technischen Anwendungsbereich sind die zu verarbeitenden Objekte häufig Vektoren, Matrizen oder auch Tensoren höherer Stufe. Ein diesen Objekten gemeinsames Charakteristikum ist, daß die jeweiligen Komponenten gleichförmig und geordnet sind. Da dies die historisch ältesten Aufgabenstellungen der automatischen Datenverarbeitung sind, ist es nicht verwunderlich, daß in den ersten höheren Programmiersprachen bereits eine entsprechende Datenstruktur zur Definition solcher Objekte eingeführt wurde.

Diese nicht nur älteste sondern wohl auch mit am häufigsten benutzte Struktur wird meist unter den Namen "array", "Bereich" oder "Feld" beschrieben. Wir bevorzugen hier den Namen "Reihe", da er die typischen Merkmale sinnvoll wiedergibt.

Definition: Sei T ein beliebiger Datentyp. Wir fassen eine endliche geordnete Menge von n Elementen (Komponenten) des Typs T zusammen und kennzeichnen dadurch einen Wert eines neuen (strukturierten) Datentyps T', genannt **Reihentyp**. Der Wertebereich T' besteht also aus allen derartigen mit Hilfe von n Komponenten gebildeten Werten.

Die Ordnungsnummer innerhalb der Menge der n definierenden Elemente für eine Komponente wird Index genannt und ist einem entsprechenden Indextyp I zugeordnet.

Ein Reihentyp wird damit spezifiziert durch die beiden Datentypen T und I. Der Komponententyp T kann hier als Grundtyp bezeichnet werden, da alle Komponenten dem gleichen Typ zugeordnet sind. Der Wertebereich T' läßt sich außerdem auffassen als Cartesisches Produkt[10] von n Wertebereichen T:

$$T' = T \times T \times \ldots \times T = T^n$$

Aus der hier gegebenen Interpretation läßt sich unmittelbar die Kardinalität des Reihentyps herleiten:

$$K(T') = K(T)^n \quad \text{oder} \quad K(T') = K(T)^{K(I)}$$

Beispiel 1:

T sei der Typ INTEGER. I sei ein Ausschnitt vom Basistyp CARDINAL mit den Werten 1 und 2. Dann besteht T' aus allen 2-dimensionalen Vektoren mit ganzen Zahlen als Komponenten und für die Kardinalität läßt sich hier angeben:

$K(T') = K(INTEGER)^2$.

Beispiel 2:

T sei ein Aufzählungstyp mit den Werten "rot" und "blau". I sei ein Ausschnitt vom Basistyp CARDINAL mit den Werten 1 bis 3. Dann besteht T' aus den Werten:

[rot, rot, rot], [rot, rot, blau], [rot, blau, rot], [rot, blau, blau],
[blau, rot, rot], [blau, rot, blau], [blau, blau, rot], [blau, blau, blau].

Wie man explizit sieht, ist die Kardinalität $K(T') = 2^3 = 8$.

Für den Datentyp Reihe bzw. für die entsprechende Datenstruktur lassen sich folgende Eigenschaften zusammenfassen:

- Das mathematische Modell einer Reihe ist gegeben durch eine Abbildung des Indexbereichs I in den Wertebereich T.
- Eine Reihe hat eine homogene Struktur, die Komponenten sind alle dem gleichen Typ zugeordnet.

---

[10] Wir erinnern an die Definition eines Cartesischen Produkts zweier Mengen A und B:

$$A \times B = \{ (a,b) \mid a \text{ aus } A,\ b \text{ aus } B \}$$

Entsprechend ist das Cartesische Produkt von n Mengen $A_1, A_2, \ldots, A_n$ definiert durch die Menge aller geordneten n - Tupel $(a_1, a_2, \ldots, a_n)$, a_i aus A_i. Als Bezeichnung wird hier $A_1 \times \ldots \times A_n$ gewählt und falls $A_1 = A_2 = \ldots = A_n$ auch die Schreibweise A^n.

- Eine Reihe ist eine Struktur mit "wahlfreiem" Zugriff, über den Index kann auf jede Komponente direkt zugegriffen werden.
- Der Komponententyp T wird in der Regel als beliebig angegeben, in manchen Programmiersprachen werden jedoch implizit Einschränkungen gemacht ohne diese direkt zu erwähnen.
- Der Indextyp I muß in der Regel ein elementarer Typ mit vollständig geordnetem Wertebereich sein, auch hier werden zum Teil Einschränkungen, z.T. jedoch auch Erweiterungen angegeben.

Die Realisierung eines strukturierten Typs in Modula-2 erfordert zunächst einen Typkonstruktor. Dieser lautet in unserem Fall:

```
ARRAY I OF T
```

Dabei steht I für den Indextyp und T für den Komponententyp. I muß ein elementarer endlicher Typ mit vollständig geordnetem Wertebereich sein, T ist beliebig. (Gültige Indexbereiche sind z.B. die Datentypen CHAR, BOOLEAN, der Ausschnitt [1..10] oder die Aufzählung (rot, blau, grün); ungültig dagegen sind die Datentypen CARDINAL oder REAL.)

Ein Objekt vom Typ Reihe wird konstruiert durch einen Konstruktionsoperator oder durch eine Folge von selektiven Wertzuweisungen. Wir nehmen für das Folgende an,

- x sei ein Objekt vom Typ T',
- I sei ein Wertebereich mit den Werten $i_1 < i_2 < ... < i_n$ und
- T enthalte die Werte $a_{i1}, a_{i2}, ... a_{in}$, also

x: ARRAY $[i_1..i_n]$ OF T, a_{ir} aus T

Die selektive Wertzuweisung ist die übliche Zuweisung von Werten an einzelne Komponenten von x. Allgemein könnte man einen Selektor s als Funktion von x und i in der Form $s(x,i_r)$ definieren, wobei i_r den Index der ausgewählten Komponente bezeichnet.

In Modula-2 wird analog zu den meisten anderen Programmiersprachen für eine Selektion die Schreibweise

x $[i_r]$

eingeführt, wo i_r durch einen Ausdruck repräsentiert werden kann, der kompatibel mit dem vorgegebenen Indextyp sein muß.[11] Diese sogenannte "indizierte Variable" kann dann als Zuweisungsvariable in einer normalen Wertzuweisung ebenso wie in einer Eingabeprozedur benutzt werden.

---

[11] Wir wollen hier darauf hinweisen, daß der aus der Berechnung des Ausdrucks resultierende Wert für den Index unter Umständen außerhalb des festgelegten Indexbereichs zu liegen kommt. Die Selektion erfolgt dann also für eine nicht existierende Reihenkomponente, was im günstigsten Fall zu einer diesbezüglichen Fehlermeldung, im ungünstigsten Fall jedoch zu schwerwiegenden Fehlern im Programmablauf führen kann.

Eine unmittelbare Konstruktion mit Hilfe eines Operators c könnte man sich etwa in der Form $x := c\ (a_{i1}, a_{i2}, \dots, a_{in})$ denken. Diese Möglichkeit ist bei einigen Modula-2 - Compilern integriert. In der unseren Beispielen zugrunde liegenden Version TopSpeed-Modula wird der Operator c durch den Typnamen des entsprechenden Reihentyps gegeben, also

$$x := N_T\ (a_{i1}, a_{i2}, \dots, a_{in})$$

wo N_T wieder ein benutzerdefinierter Typname sein muß.

Beispiel:

```
TYPE  Vektor = ARRAY [1..5] OF REAL
VAR    x : Vektor
```

Dann ist eine Konstruktion der Form

```
x := Vektor (1.1, -0.4, 2.7, -5.3, 2.0)
```

möglich.

Eine solche Konstruktion kann in der gleichen Weise auch auf der Ebene der Konstantendefinition erfolgen, was in der Regel sicher die sinnvollere Anwendung darstellt.

Operationen mit den einzelnen Komponenten einer Reihe lassen sich gemäß dem vorgegebenen Komponententyp durchführen. Der Zugriff auf die gewünschte Komponente in einer solchen Operation erfolgt durch den oben bereits beschriebenen Selektor.

Die Grundoperationen Zuweisung und Vergleich für die Reihe als Ganzes sind nur eingeschränkt anwendbar. Eine Zuweisung ist außer der erwähnten Konstruktion des Objekts nur erlaubt in der Form (x und y seien vom Typ Reihe):

```
x := y
```

wobei beide Objekte streng zuweisungskompatibel sein müssen.

Beispiel:

Besonders illustrativ wird die Bedeutung der Zuweisungskompatibilität bei der Verknüpfung von Reihen mit unterschiedlichen Dimensionen (z.B. von einer zweidimensionalen Reihe mit einer eindimensionalen). Gelten etwa folgende Konstanten- und Typdefinitionen:

```
CONST   M = 8;
        N = 5;
TYPE    Vektor = ARRAY [1..N] OF REAL;
        Matrix = ARRAY [1..M] OF Vektor;
```

sowie die zugehörigen Variablenvereinbarungen

```
VAR     V1, V2 : Vektor;
        M1, M2 : Matrix;
```

so können die folgenden Zuweisungen benutzt werden:

```
V1    := M1[2];     (* Zuweisung der zweiten "Spalte" der
                       Matrix M1 an den Vektor V1 *)
M2[1] := V2;        (* Zuweisung des Vektors V2 an die
                       erste "Spalte" der Matrix M2 *)
```

Ein Vergleich zweier Reihen x, y (vom gleichen Reihentyp) ist prinzipiell nur dann möglich, wenn auf dem Komponententyp eine Ordnungsbeziehung definiert ist. Es ist z.B. eine natürliche Ordnung für x und y dadurch gegeben, daß gilt:

$$x < y \quad \text{genau dann, wenn } x[i] = y[i] \text{ für alle } i < k \text{ und } x[k] < y[k]$$

Eine typische Anwendung für diesen Fall stellen die Zeichenketten dar ("string"), die in Modula-2 grundsätzlich als ARRAY OF CHAR vereinbart werden.

Inwieweit und welche Vergleichsoperationen direkt anwendbar sind, oder ob sie nur über Bibliotheksprozeduren angesprochen werden können, hängt vom benutzten Modulasystem und dem entsprechenden Compiler ab. Weitere Operationen sind vor allem denkbar, wenn es sich beim Komponententyp um einen numerischen Typ (---> Operationen der linearen Algebra) oder um den Datentyp CHAR handelt (---> Zeichenkettenverarbeitung). Solche Operationen sind in Modula-2 nicht direkt verfügbar, einige - speziell aus dem zuletzt genannten Bereich - werden mit Hilfe von Bibliotheksfunktionen bzw. -prozeduren realisiert.

2.2.3 Der Satztyp

In nicht-numerischen, kaufmännischen Anwendungsbereichen stellt die am häufigsten anzutreffende Struktur einen Satz von unterschiedlichen Informationen dar, die der Reihe nach aufgeschrieben werden und als Einheit verarbeitet werden sollen. Ein den entsprechenden Objekten gemeinsames Merkmal ist, daß die Komponenten also nicht gleichartig (heterogen), jedoch wie auch im Fall der Reihe geordnet sind. Auch hier handelt es sich um eine bereits in den Anfängen der Datenverarbeitung eingeführte Struktur, als Beispiel dient der Record - Begriff in der schon Ende der fünfziger Jahre entwickelten Programmiersprache COBOL.

Bezeichnungen für diese Struktur orientieren sich an den historischen Begriffen "Satz" oder "Record", an dem Strukturierungsmerkmal aus dem Bereich der Ablaufstrukturen "Verbund" oder an der aus der mathematischen Interpretation der Kardinalität hergeleiteten Bezeichnung "Produkttyp"; in unseren Ausführungen verwenden wir den Namen "Satz".

Definition: Seien T_1, T_2, ... , T_n beliebige Datentypen. Wir fassen eine endliche geordnete Menge von n Elementen (Komponenten) der jeweiligen Typen T_i zusammen und kennzeichnen dadurch einen Wert eines neuen (strukturierten) Datentyps T', genannt **Satztyp**. Der Wertebereich T' besteht also aus allen derartigen mit Hilfe von n Komponenten gebildeten Werten.

Der Wertebereich T' läßt sich auffassen als Cartesisches Produkt der n Wertebereiche T_1 bis T_n:

$$T' = T_1 \times T_2 \times \ldots \times T_n$$

Daraus resultiert der in der Literatur auch verwendete Begriff "Produkttyp". Aus der hier gegebenen Interpretation läßt sich unmittelbar die Kardinalität des Satztyps herleiten:

$$K(T') = K(T_1) * K(T_2) * K(T_3) * ... * K(T_n)$$

Beispiel 1:

T_1 sei ein Aufzählungstyp mit den Werten "BMW" und "VW". T_2 sei ein Aufzählungstyp mit den Werten "blau", "gruen" und "rot". Dann besteht T' aus den Werten:

{BMW, blau} {BMW, gruen} {BMW, rot} {VW, blau} {VW, gruen} {VW, rot}

Wie man sieht, ist die Kardinalität K (T) = 2 * 3 = 6.

Beispiel 2:

T_1 sei definiert als Ausschnitt [1..31] vom Basistyp CARDINAL und gekennzeichnet durch den Typnamen "Tag".
T_2 sei definiert als Ausschnitt [1..12] vom Basistyp CARDINAL und gekennzeichnet durch den Typnamen "Monat".
T_3 sei definiert als Ausschnitt [1900..2000] vom Basistyp CARDINAL und gekennzeichnet durch den Typnamen "Jahr".

Dann besteht T' aus den 31*12*101 = 37572 möglichen Tripeln, die ein "Datum" in der angedeuteten Form annehmen kann, also z. B.

{ 31,12,1991 } { 12,01,1940 } usw.

Beispiel 3:

Wir verwenden den in Beispiel 2 definierten Satztyp sowie den bereits kennengelernten Reihentyp zur Konstruktion eines Satzes auf einer höheren Stufe.

T_1 sei eine Reihe "Name" mit 10 Komponenten vom Typ CHARACTER zur Darstellung eines Personennamens.
T_2 sei ein Satz "Datum" mit den Komponenten Tag, Monat und Jahr (entspricht T' aus Beispiel 2).
T_3 sei ein Aufzählungstyp mit den Werten "m" und "w".
T_4 sei ein Aufzählungstyp mit den Werten "ledig", "verheiratet" und "geschieden".

Dann besteht T' aus allen möglichen Quadrupeln mit je

- einem (maximal) 10-stelligen Namen
- einer Datumsangabe mit drei Komponenten
- einem Wert "m" oder "w" für das "Geschlecht"
- einem der angegebenen Werte für den "Stand",

also z.B. { Jedermann, {12,01,1940}, w, verheiratet }

Für den Datentyp Satz bzw. für die entsprechende Datenstruktur lassen sich folgende Eigenschaften zusammenfassen:

- Ein Satz hat eine inhomogene Struktur, die Komponenten sind unterschiedlichen Typen zugeordnet.
- Ein Satz ist eine Struktur mit "wahlfreiem" Zugriff. Der Zugriff auf die einzelne Komponente erfolgt in der Regel mit Hilfe von speziellen "Komponentennamen". Diese werden im Hinblick auf die zu verarbeitenden Informationen eingeführt, um mit möglichst mnemonischen Bezeichnungen arbeiten zu können.
- Im Gegensatz zur Reihe (dort läßt sich die Komponente zur Laufzeit eines Programms "errechnen") ist der Komponentenname beim Satz bereits im Quellprogramm (statisch) anzugeben.
- Die Komponententypen T_i sind in der Regel beliebig.

Wir geben für die Realisierung in Modula-2 zunächst wieder den Typkonstruktor an:

```
RECORD
        k1 : T1;
        k2 : T2;
        ...
        kn : Tn
END
```

Dabei stehen die Symbole k_i für Komponentennamen der jeweiligen Komponente vom Typ T_i, die syntaktisch den üblichen Bildungsgesetzen für Namen unterliegen. Sie können nur als Bestandteil der jeweiligen Satzstruktur verwendet werden, haben also den Charakter einer lokalen Größe, die nur innerhalb dieser Struktur bekannt ist.

Ein Objekt vom Typ Satz wird konstruiert durch einen Konstruktionsoperator oder durch eine Folge von selektiven Wertzuweisungen. Wir nehmen für das Folgende an,

- x sei ein Objekt vom Typ T',
- dieser sei mit Hilfe der Komponenten k_1, k_2, ... k_n definiert und
- a_1, a_2, ... a_n seien Werte aus den entsprechend zugeordneten Datentypen T_1, T_2, bis T_n.

Die selektive Wertzuweisung ist die übliche Zuweisung von Werten an einzelne Komponenten von x. Allgemein könnte man einen Selektor s als Funktion von x und k_i in der Form s (x,k_i) definieren, wobei k_i den Namen der ausgewählten Komponente bezeichnet.

Die in meist älteren Programmiersprachen benutzten Konventionen wie z.B. "k_i OF x " werden in Modula-2 ersetzt durch die Schreibweise

$$x.k_i$$

Diese so ausgewählte "Komponentenvariable" kann dann als Zuweisungsvariable in einer normalen Wertzuweisung ebenso wie z.B. in einer Eingabeprozedur benutzt werden.

Eine unmittelbare Konstruktion mit Hilfe eines Operators c könnte man sich etwa in der Form $x := c(a_1, a_2, \ldots, a_n)$ denken. Diese Möglichkeit ist bei einigen Modula-2-Compilern integriert, in der unseren Beispielen zugrunde liegenden Version wird der Operator c durch den Typnamen des entsprechenden Reihentyps gegeben, also

$$x := N_T\ (a_1, a_2, \ldots, a_n)$$

wo N_T wieder ein benutzerdefinierter Typname sein muß.

Beispiel:

Gegeben seien folgende Typdefinitionen (Abbildung 8):

```
TYPE Datum = RECORD
                 Tag:    [1..31];
                 Monat:  [1..12];
                 Jahr:   [1900..2000]
             END;
 TYPE Person = RECORD
                 Name:      ARRAY[1..10] OF CHAR;
                 Geburt:    Datum;
                 Geschlecht: (m, w);
                 Stand:     (ledig, verheiratet, geschieden )
               END;
```

Abb. 8: Satztypen

Dann ist eine Konstruktion in der Form

```
x := Person ("Jedermann", Datum(12,01,1940), w, verheiratet)
```

möglich. Sie entspricht der Folge von selektiven Wertzuweisungen

```
x.Name         := "Jedermann";
x.Geburt.Tag   := 12;
x.Geburt.Monat := 01;
x.Geburt.Jahr  := 1940;
x.Geschlecht   := w;
x.Stand        := verheiratet
```

Auch hier gilt - wie im Fall der Reihenkonstruktion - , daß eine sinnvolle Anwendung in der Definition von entsprechenden Satzkonstanten zu sehen ist.

Operationen mit den einzelnen Komponenten eines Satzes lassen sich gemäß den vorgegebenen Komponententypen durchführen. Der Zugriff auf die gewünschte Komponente in einer solchen Operation erfolgt durch den oben bereits beschriebenen Selektor. Wir erinnern an dieser Stelle an die zur bequemeren Verarbeitung von Satzstrukturen in Modula-2 verfügbare WITH - Anweisung (siehe Kapitel 2.1.2). Im obigen Beispiel könnte man damit die Folge der Wertzuweisungen in der verkürzten Form schreiben (Abbildung 9):

```
WITH x DO
        Name:= "Jedermann";
        WITH Geburt DO
                Tag    := 12;
                Monat := 1;
                Jahr    := 1940
        END;
        Geschlecht:= w;
        Stand     := verheiratet
END;
```

Abb. 9: Wertzuweisungen mit WITH-Anweisung

Die Grundoperation Zuweisung für den Satz als Ganzes ist nur eingeschränkt anwendbar. Eine Zuweisung ist außer der erwähnten Konstruktion des Objekts nur erlaubt in der Form (x und y seien vom Typ Satz):

x := y

wobei beide Objekte streng zuweisungskompatibel sein müssen. Ein Test auf Gleichheit bzw. Ungleichheit von Satzstrukturen ist wie bei Reihenstrukturen nicht in allen Fällen realisiert und erfordert dann natürlich ebenfalls strenge Kompatibilität. So läßt sich etwa in TopSpeed Modula-2 für den Fall zweier typgleicher Sätze x und y eine Alternative

```
IF x = y THEN ....
IF x # y THEN ....
```

oder auch

formulieren.

2.2.4 Satztyp mit varianten Komponententypen

Im Zusammenhang mit der Anwendung von Satzstrukturen entsteht häufig der Wunsch, zwei oder mehr Datentypen unterschiedlicher Art als variante Typen einem gemeinsamen Objekt zuzuordnen. So könnte z.B. das Objekt "Erstes Zeichen in einer lexikalischen Analyse" von einer REAL- oder auch INTEGER- Konstanten stammen. Dann erscheint es sinnvoll, einen Typ "Zahl" als Vereinigung von REAL und INTEGER einzuführen und ihn dem Objekt zuzuordnen.

Wir definieren dazu zunächst verallgemeinernd einen entsprechenden Datentyp und zeigen anschließend, in welcher Weise man diesen Typ im Zusammenhang mit der Definition von Satzkomponenten verwenden kann.

Definition: Seien T_1, T_2, ... , T_n beliebige Datentypen. Wir wählen ein beliebiges Element aus einem der n Wertebereiche aus, dann kennzeichnet dieses Element einen Wert eines neuen Datentyps T', genannt **Vereinigungstyp**. Der Wertebereich T' umfaßt also die Summe der Werte, die aus der durch die Datentypen T_i definierten Vereinigungsmenge stammen.

Der Wertebereich T' läßt sich auffassen als disjunkte Vereinigungsmenge der n Wertebereiche T_1 bis T_n:

$$T' = T_1 + T_2 + ... + T_n$$

Aus der hier gegebenen Interpretation läßt sich unmittelbar die Kardinalität des Vereinigungstyps herleiten:

$$K(T') = K(T_1) + K(T_2) + K(T_3) + ... + K(T_n)$$

Beispiel :

Ein Objekt "Kegelschnitt" soll einem Datentyp zugeordnet werden, der sich als Vereinigung unterschiedlicher Typen ergibt, die in Abhängigkeit von der speziellen Form des Schnittes eingeführt werden.

T_1 ("Kreis") : zwei "Werte" für Mittelpunkt und Radius
T_2 ("Ellipse") : drei "Werte" für die beiden Brennpunkte und die Abstandssumme
T_3 ("Parabel") : zwei "Werte" für Brennpunkt und Gerade
T_4 ("Hyperbel"): drei "Werte" für die beiden Brennpunkte und die Abstandsdifferenz

Dann besteht T' ("Kegelschnitt-Typ") aus der Summe der "Werte", die durch die vier Wertebereiche T_1 bis T_4 definiert sind; ein Objekt vom Typ T' kann demnach einen beliebigen dieser "Werte" annehmen.

Da die Anwendung eines solchen Datentyps in der Regel mit der Einführung von Satzstrukturen zusammenhängt, werden in der Praxis die formalen Strukturen des Satztyps zu Grunde gelegt. Dies bedeutet, daß der Vereinigungstyp auf einer Komponentenstufe eines Satzes vereinbart wird; man spricht daher auch vom "Varianten Satz" bzw. vom "Varianten Record" (eigentlich: Komponente mit variantem Typ).

Wir müssen dabei sorgfältig beachten, daß die Vereinigung der gegebenen Typen eine disjunkte ist; für jeden Wert eines Vereinigungstyps ist eindeutig feststellbar, aus welchem der ursprünglichen Wertebereiche er stammt. Umgekehrt muß vor der Konstruktion einer Komponente mit varianten Typen mit Hilfe eines Entscheidungselements ("Diskriminator") genau festgelegt werden, aus welchem der beteiligten Wertebereiche der aktuelle Wert zu nehmen ist. Der Vereinigungstyp wird also repräsentiert durch den Diskriminator und seine zugehörigen Werte.

Realisierung des varianten Records in Modula-2:

Wir geben zunächst wieder den Typkonstruktor an, wobei hier der "variante Record" ohne Beschränkung der Allgemeinheit auf der Komponentenstufe k_3 eingeführt wird:

```
RECORD  k1 : T1 ;
        k2 : T2 ;
        CASE k3 : T3 OF
                    w1 :   k11 : T11 ;
                           k12 : T12 ;
                           ......
                           k1r : T1r  |
                    w2 :   k21 : T21 ;
                           .....
                           k2s : T2s  |
                    ................
                    wn :   kn1 : Tn1 ;
                           ......
                           knt : Tnt
        END;
        k4 : T4 ;
        .......
END;
```

Jeder der gegebenen n Wertebereiche, die vereinigt werden sollen, ist als Satztyp angelegt mit den Komponenten k_{i1}, k_{i2},...,k_{iv} und den zugeordneten Grundtypen T_{i1} bis T_{iv}, (i = 1,...,n), wobei die Anzahl v der Komponenten jeweils beliebig ist. Der Komponentenname k_3 dient dabei als Diskriminator für die Auswahl aus den gegebenen Bereichen, ihm ist ein Datentyp mit n Werten zugeordnet, der einfach und geordnet sein muß. Die einzelnen Werte dieses Diskriminatortyps stellen die "Verbindung" zu den eigentlichen Komponenten k_{ij} dar, die schließlich die aktuellen Werte des "varianten Objekts" aufnehmen sollen. Die Konstruktion der entsprechenden Komponente erfolgt durch die selektive Wertzuweisung; zu beachten ist jedoch, daß der Diskriminator entsprechend besetzt sein muß. Hat dieser keinen definierten Wert, so können dadurch schwerwiegende Programmfehler entstehen; eine Überwachung durch das Laufzeitsystem erfolgt in keinem uns bekannten Modula-System!

Beispiel:

Wir betrachten das Beispiel 3 von Seite 39 und führen auf der Komponentenstufe "Stand" eine Variation ein:

```
TYPE Person = RECORD
                  Name:      ARRAY [1..10] OF CHAR;
                  Geburt:    Datum;
                  Geschlecht: (m, w);
                  CASE Stand: (ledig, verheiratet, geschieden) OF
                        ledig:                                          |
                        verheiratet: Heiratsdatum:  Datum               |
                        geschieden :  Heiratsdatum:      Datum;
                                      Scheidungsdatum:      Datum;
                                      Erstscheidung:  BOOLEAN
                  END;
              END;
```

Abb. 10: Satztyp mit varianter Komponente

Ohne auf alle syntaktischen Einzelheiten einzugehen, wollen wir exemplarisch darauf hinweisen, daß zum Beispiel Komponenten k_{ij} auf einer bestimmten Stufe völlig entfallen können (siehe den Fall "ledig") oder daß etwa eine einzige Komponente einen der gegebenen Wertebereiche vertreten kann (siehe den Fall "verheiratet").

Eine Zuweisung an die Komponente Stand besetzt zunächst den Diskriminator, also etwa folgendermaßen (x sei vom Typ Person):

```
x.Stand : = verheiratet
```

Anschließend kann die variante Komponente belegt werden:

```
x.Heiratsdatum.Tag    : = 12;
x.Heiratsdatum.Monat  : = 1;
x.Heiratsdatum.Jahr   : = 1940
```

(Eine Zuweisung der Form x.Erstscheidung : = TRUE wäre in diesem Fall semantisch nicht erlaubt und kann die bereits angesprochenen Fehler bringen).

Wir wollen zum Abschluß der Besprechung des varianten Satztyps noch einmal ausdrücklich auf die Gefahren hinweisen, die durch unsachgemäße Verwendung dieses Konzepts entstehen können. Eine sinnvolle und empfehlenswerte Abwehr von möglichen Fehlern besteht darin, im Zusammenhang mit dem Zugriff auf variante Komponenten ausschließlich die CASE- Ablaufstruktur zu verwenden. Auf diese Weise ist zu jedem Zeitpunkt des Programmablaufs sicher gestellt, daß der zugehörige Diskriminator korrekt besetzt ist.

In unserem Beispiel würde dies folgendermaßen aussehen (Abbildung 11):

```
CASE Stand OF
            ledig:          (*  hier folgen die      *)  |
            verheiratet:    (*  entsprechenden       *)  |
            geschieden:     (*  Anweisungen          *)
          ELSE
                            (* Ausgabe einer Meldung, daß der
                               Diskriminator nicht besetzt ist *)
END
```

Abb. 11: Ablaufstruktur zum Satztyp mit varianter Komponente

2.2.5 Der Mengentyp

Die "Menge" als eigenständige Datenstruktur ist im Gegensatz zu den in den vorigen Abschnitten besprochenen Reihen - bzw. Satzstrukturen erst relativ spät in höheren Programmiersprachen realisiert worden, obwohl der Begriff Menge für die Mathematik von grundlegender Bedeutung ist und auch in der realen Welt häufig mit Mengen - Objekten gearbeitet wird. Man denke an die Vielzahl von Anwendungen, bei denen es nicht auf die Reihenfolge von Objekten einer Struktur ankommt sondern einzig und allein auf die Frage, ob ein Element zur Struktur gehört oder nicht.

Die Objekte selbst bestehen im Prinzip aus Teilmengen einer Grundmenge, wobei in der Praxis die Grundmenge beliebige Elemente unterschiedlichen Typs enthalten kann. Was die Anwendung im Bereich der Informatik angeht - so wie auch bei der Realisierung in Modula-2 - entscheidet man sich jedoch dafür, die Grundelemente als vom gleichen Typ zu fordern.

Definition: Sei T ein endlicher, elementarer geordneter Datentyp, und sei M die nicht geordnete Menge der n Werte von T. Dann definiert die Menge aller Teilmengen von M einen neuen (strukturierten) Datentyp T', genannt **Mengentyp** (Set-Typ). Der Wertebereich T' besteht also aus allen derartigen Teilmengen einschließlich der leeren Menge sowie der Grundmenge M selbst.

Der Wertebereich T' läßt sich auffassen als Potenzmenge von M. (Daraus resultiert der in der Literatur zum Teil verwendete Begriff "Potenzmengentyp".)

Aus der Interpretation als Potenzmenge läßt sich unmittelbar die Kardinalität des Mengentyps herleiten[12]:

$$K(T') = 2^{K(T)}$$

Beispiel:

Sei T ein Aufzählungstyp mit den Elementen "blau", "gelb" und "rot", d.h. M = { blau, gelb, rot } und n = 3. Dann besteht T' aus den Werten (Potenzmenge):

{ {}, {blau}, {gelb}, {rot}, {blau, gelb}, {gelb, rot}, {blau, rot}, {blau, gelb, rot} }

(Dabei soll das Symbol {} die leere Menge darstellen.) Die Kardinalität läßt sich wiederum leicht abzählen:

$$K(T') = 2^3 = 8$$

Für den Datentyp Menge bzw. für die entsprechende Datenstruktur lassen sich folgende Eigenschaften zusammenfassen:

- Eine Menge hat eine homogene Struktur bezüglich der Grundmenge, die Komponentenmengen bestehen aus Elementen gleichen Typs, sind jedoch von unterschiedlicher Mächtigkeit.

---

12 Die Anzahl der Teilmengen einer Menge mit n Elementen ergibt sich aus der Tatsache, daß ein Element in einer Teilmenge enthalten sein kann oder nicht; und da dies für jedes Element gilt, folgt: $2 * 2 * .... * 2 = 2^n$

- Eine Menge ist eine Struktur ohne "wahlfreien" Zugriff. Der Zugriff auf ein einzelnes Element einer Teilmenge kann nicht über eine direkte Selektion erfolgen.
- Der Grundtyp T ist in der Regel zusätzlich eingeschränkt durch eine Maximalbeschränkung für die Mächtigkeit von M.

Der Typkonstruktor für den allgemeinen Mengentyp lautet:

```
SET OF T
```

Dabei gilt in unserem Fall die Einschränkung, daß der Grundtyp maximal 65536 Elemente enthalten darf (dies entspricht z.B. dem vollen Umfang des CARDINAL - oder auch des INTEGER - Typs bei der üblichen 16 - bit - Darstellung).

Außer dieser benutzerorientierten Konstruktion existiert bei manchen Modula-2 - Systemen ein Standarddatentyp mit der Bezeichnung BITSET, der als SET OF [0..N-1] interpretiert werden kann, wobei N durch die Wortlänge des benutzten Rechnersystems definiert ist. Der Wertebereich umfaßt also alle Teilmengen mit ganzen Zahlen zwischen 0 und N-1 (hier gilt wie in den meisten Fällen N = 16). Die Motivation zur Einführung dieses Standardtyps besteht darin, daß alle Werte eines entsprechenden Objekts durch den entsprechenden "Stellenwert" innerhalb eines dualen Wortes (hier also ein 16 - bit - String) charakterisiert werden. Dadurch ist mit Hilfe der Operationen "Hinzufügen" bzw. "Entfernen" von Elementen eine bitorientierte Verarbeitung möglich.

Beispiel:

Eine Belegung eines Objekts vom Typ BITSET mit den Werten 0, 3, 4 und 6 ergibt die Bitfolge (die Bits an den Stellen 0, 3, 4 und 6 sind auf "eins" gesetzt):

```
0000 0000 0101 1001
```

Ein Objekt vom Typ Menge wird konstruiert durch einen Konstruktionsoperator oder durch eine Folge von Mengenoperationen in der Form von Vereinigungen (s. unten). Es seien die folgende Typdefinition und Variablenvereinbarung vorgegeben:

```
TYPE Menge = SET OF Grundtyp;
VAR x : Menge;
```

Grundtyp sei irgendein Typ mit den oben beschriebenen Einschränkungen.

Eine unmittelbare Konstruktion mit Hilfe eines Operators c, die allgemein wiederum in der Form x := c $(a_1, a_2, \dots, a_n)$ denkbar ist, wird in Modula-2 mit Hilfe des Typnamens und den aus der mathematischen Notation bekannten speziellen Mengensymbolen realisiert.

$$x := \text{Menge } \{a_1, a_2, \dots, a_n\}$$

Dabei stehen die Bezeichnungen a_i für Mengenelemente, wobei jedes Element auch als "Elementbereich" in der Form

```
ausdruck1 .. ausdruck2
```

auftreten kann. (ausdruck1 steht dabei für den Anfang, ausdruck2 für das Ende eines geordneten Wertebereichs mit Werten der gegebenen Grundmenge, die beide syntaktisch als Ausdruck gegeben sein können.)

Beispiele:

```
TYPE Zeichen = SET OF CHAR;
VAR Vokale, Hexa, Sonder : Zeichen;

Vokale  := Zeichen { "A","E","I","O","U" };
Hexa    := Zeichen { "A".."F" , "a".."f", "0".."9"};
Sonder := Zeichen {CHR(ORD("Z")+1)..CHR(ORD("0")-1)}
```

Wie bereits weiter oben erwähnt, ist keine direkte Selektion von Komponenten bei Mengenobjekten möglich. Damit entfällt die selektive Wertzuweisung als die übliche Zuweisung von Werten an einzelne Komponenten.

Dennoch spricht man beim Mengentyp von einem Selektor s, der als Funktion - z.B. in der Form s(x,a) - die folgende Bedeutung hat: Als Ergebniswert wird die Aussage geliefert, ob das Element "a" im Objekt x enthalten ist oder nicht.

Die Modula-2 - Realisierung hierzu lautet:

```
a IN x
```

Dieser Selektor stellt syntaktisch einen Vergleich durch den Vergleichsoperator IN dar und liefert als Ergebnis die Werte "wahr" oder "falsch".

Die Grundoperation Zuweisung für das Objekt Menge ist uneingeschränkt anwendbar. Eine Zuweisung ist außer der erwähnten Konstruktion des Objekts also erlaubt in der Form (x und y seien vom Typ Menge):

```
x := y
```

wobei beide Objekte streng zuweisungskompatibel sein müssen.

Vergleichsoperationen sind - außer dem oben erwähnten Selektor - in der folgenden Weise definiert:

```
- Mengengleichheit:                          x = y
- Mengenungleichheit:                        x # y
- Mengeninklusion ("x ist enthalten in y"):  x <= y
- Mengenexklusion ("x umfaßt y"):            x >= y
```

Darüber hinaus sind in Modula-2 die üblichen Mengenoperationen anwendbar:

```
- Vereinigung von x und y ("oder"):                       x + y
- Durchschnitt von x mit y ("und"):                       x * y
- Differenz von x und  y ("Komplement"):                  x - y
- Symmetr. Differenz von x und y ("Exclusives oder"):     x / y
```

Wir bringen zum Abschluß dieses Abschnitts ein Beispiel, das die Anwendung von Mengenobjekten demonstriert (Abbildung 12):

```
MODULE PRIM;
(* Primzahlalgorithmus "Sieb des Eratosthenes"
   in einer Version nach N.Wirth.
   Berechnung aller Primzahlen bis zur oberen Grenze N *)

FROM IO IMPORT WrStr,RdCard,WrCard,WrLn;
CONST MAXN= 65000;
TYPE grundtyp =  SET OF [2..MAXN];
VAR sieb,prim : grundtyp;
    next,i,c,N,anz: CARDINAL;
BEGIN
  WrStr('Eingabe der oberen Grenze N (N >= 3) : ');
  N:= RdCard();
  sieb:= grundtyp {2..N};
  prim:= grundtyp {2};
  anz:= 1;
  WrCard(2,8);
  i:= 2;
  WHILE i <= N DO
    sieb:= sieb - grundtyp {i};
 (* hierfür ist auch: EXCL(sieb,i) möglich *)
    i:=i+2
  END;
  next:= 3;
  REPEAT
    WHILE NOT(next IN sieb) DO
      INC(next);
    END;
    prim := prim + grundtyp {next};
    (* hierfür ist auch INCL(prim,next) möglich *)
    anz:= anz + 1;
    WrCard(next,8);
    c:= 2 * next;
    i:= next;
    WHILE i<= N DO
      IF i IN sieb
      (* hierfür auch  "IF grundtyp {i} <= sieb" *)
      THEN
        sieb := sieb - grundtyp {i};   (* s. o. *)
      END;
      i:= i + c    ;
    END
  UNTIL sieb = grundtyp{};
  WrLn;
  WrStr('Anzahl der Primzahlen');
  WrStr(' zwischen 2 und '); WrCard(N,5); WrStr(' = ');
  WrCard(anz,8)
END PRIM.
```

Abbildung 12: Sieb des Eratosthenes

2.3 Prozeduren und Rekursion

2.3.1 Das Prozedurenkonzept in Modula-2

Das Prozedurenkonzept, das bereits in den ersten höheren Programmiersprachen wie "ALGOL 60" oder "FORTRAN" (dort als "Subroutine") eingesetzt wurde, hat verschiedene Ursachen. Die ursprünglichen Beweggründe zur Einfügung von Prozeduren waren hauptsächlich zweierlei:

- Einerseits wurde die Verkürzung des Programmtextes angestrebt, indem Teilalgorithmen, die an mehreren Stellen im Programmablauf auftreten, zusammengefaßt werden und - mit unterschiedlichen Parametern versehen - mit Hilfe von Prozeduranweisungen "aufgerufen" werden können.

- Andererseits sollte die Möglichkeit bestehen, auf Teilalgorithmen von verschiedenen Benutzern zugreifen zu können (ebenfalls unter Zuhilfenahme von Parametern).

Seine entscheidende Bedeutung erlangte das Konzept jedoch mit der Einführung der Entwurfsprinzipien wie "schrittweise Verfeinerung" oder "Modularisierung", da bei der Einführung von Prozeduren die wesentlichen Strukturen des Programmablaufs hervorgehoben und unwesentliche - beim Top-Down-Entwurf nicht relevante - Details verborgen werden können[13].

Modula-2 kennt zur Realisierung dieser zum Teil unterschiedlichen Zielsetzungen außer dem Prozeduren- auch das Modulkonzept. Dabei wird das Konzept der Prozeduren hier eingeschränkt auf die Umsetzung der Ziele der schrittweisen Verfeinerung, ohne daß dabei selbständige (unabhängig voneinander compilierbare) Einheiten entstehen. In diesem Sinn wird also durch die Einführung von Prozeduren nicht eine Modularisierung eines gegebenen Problems erreicht; dazu dient in Modula-2 das erwähnte Modulkonzept (siehe Kapitel 2.5).

Wir geben jetzt in Anlehnung an die Vorgehensweise in Kapitel 2.1.2 eine verkürzte Darstellung der Syntax und Semantik von Prozeduren und verweisen für Details auch hier wieder auf die entsprechende Spezialliteratur. Bei der Vereinbarung einer Prozedur müssen einerseits Name und Parameter, andererseits die lokalen Objekte und der Anweisungsteil (die beim Aufruf zu aktivierenden Anweisungen) dargestellt werden. Auf diese Weise erhält man die folgende Form:

```
PROCEDURE name (p1; p2; ...pn);
    block
END name;
```

[13] Und schließlich werden Prozeduren natürlich auch noch zur Realisierung der Methoden bei der Objektorientierten Programmierung benötigt. Diesem Thema widmen wir uns im Kapitel 2.6 noch genauer.

Dabei steht

- name für den identifizierenden Namen der Prozedur,
- p_1 bis p_n für die Parameterliste der formalen Parameter, die ihrerseits Objekte inclusive zugehöriger Typvereinbarung darstellen (die Liste kann auch leer sein),
- block für den Vereinbarungsteil der lokalen Größen und den anschließenden Anweisungsteil[14]

Die angegebene Form verändert sich leicht, sofern die Prozedur als Funktionsprozedur deklariert werden soll. In diesem Fall wird der Ergebnistyp (in Form eines Typnamens) für den zu übertragenden Funktionswert im Prozedurkopf zusätzlich vereinbart:

```
PROCEDURE name (p1; p2; ...pn) : typname;
     block
END name;
```

Der Aktionsteil der Prozedur muß dann mindestens eine RETURN - Anweisung enthalten, in der der Ergebniswert angegeben wird (siehe Kapitel 2.1.2).

Was die Formalparameter angeht, so wollen wir zwei wesentliche Aspekte herausgreifen:

- In Modula-2 werden - wie teilweise auch in anderen Sprachen - die Parameter bezüglich der beiden Übertragungstechniken "call by value" und "call by reference" unterschiedlich vereinbart. Dies muß vor allem bei der Rückübertragung von Ergebniswerten an das rufende Programmteil beachtet werden.

- Die Übertragung einer Datenstruktur Reihe (array) mit Hilfe eines Parameters kann in Form eines sogenannten "offenen Arrays" erfolgen (formal als ARRAY OF T, wobei T den Komponententyp darstellt). Dabei entfällt die Notwendigkeit einer genauen Spezifikation des Indexbereichs, dieser wird automatisch auf die ganzen Zahlen 0 bis N-1 abgebildet, mit N als Größe für die Anzahl der Komponenten.

Wir verdeutlichen die beiden genannten Punkte an einem kleinen Beispiel, was gleichzeitig zur Veranschaulichung einer vollständigen Prozedurvereinbarung dienen soll.

---

[14] Der Begriff "block" hat syntaktisch den gleichen Aufbau wie auf der Ebene des Programm-Moduls. Als "lokale" Größen bezeichnen wir wie üblich Objekte, deren Existenz auf diejenige Prozedur eingeschränkt ist, in der sie vereinbart werden. Sie sind damit außerhalb der Prozedur völlig unbekannt, und ihr Speicherplatz wird beim Verlassen der Prozedur wieder freigegeben.

Beispiel (Abbildung 13):

```
PROCEDURE  Maxi (A:ARRAY OF REAL;
VAR Max:REAL; VAR I:CARDINAL);
(* Die Prozedur mit dem Namen Maxi ermittelt das Maximum sowie
   die Position dieses maximalen Wertes beim erstmaligen Auf-
   treten innerhalb einer vorgegebenen Reihe mit reellen Zahlen.

   Die Parameter und ihre Bedeutung:
   A   - Eingabe: Reihe             Reihe mit gegebenen Komponenten,
                                    wird als "offenes Array" übergeben
   Max - Ausgabe: Real              Maximalwert
   I   - Ausgabe: CARDINAL          Position von Max

   Die Objekte Max und I müssen als Ausgabeparameter  mit VAR
   vereinbart werden (call by reference).                    *)

VAR J: CARDINAL;            (* lokale Größe *)

BEGIN                       (* Beginn Aktionsteil *)

  Max := A[0];
  I   := 1;
  FOR J:= 1 TO HIGH(A) DO   (* HIGH(A) liefert die Position   *)
     IF A[J] > Max          (* des letzten Reihenelementes -1 *)
     THEN
       Max := A[J];
       I   := J+1
     END
  END
END Maxi;                   (* Ende der Prozedur *)
```

Abb. 13: Beispiel einer Prozedurvereinbarung

2.3.2 Prozedur-Typ und Prozedurvariable

Ein auch bei der Entwicklung von früheren Programmiersprachen bereits diskutiertes Problem entsteht bei der Übergabe von Prozeduren als Parameter. In der praktischen Anwendung finden sich Aufgabenstellungen, bei denen es sinnvoll erscheint, einen innerhalb einer Prozedur auftretenden Prozeß - der seinerseits als Prozedur formuliert wurde - variabel zu halten und ihn beim aktuellen Anlaß über die Parameterliste mit Hilfe einer entsprechenden Prozedurvariablen zu transferieren.

Wir veranschaulichen diese Technik an dem folgenden

Beispiel:

Zur numerischen Integration einer Funktion f (x) in den Grenzen a und b und unter Berücksichtigung von n Teilintervallen sei ein Algorithmus formuliert worden, der in Form einer Funktionsprozedur vorliegt und der als Ergebnis den berechneten Integralwert liefert. Als Parameter dienen dabei die Grenzen a und b sowie die Anzahl der Teilintervalle n. Außerdem wird hier eine "Variable" f eingesetzt, über die die aktuell zu integrierende Funktion f (x) in Form einer Funktionsprozedur übergeben wird, so daß der Aktionsteil der Integralprozedur völlig unabhängig vom tatsächlichen Objekt programmiert werden kann.

Der zugehörige Prozedur"kopf" hat das folgende Aussehen:

```
PROCEDURE Integral (a,b:REAL; n:CARDINAL; f:......):REAL;
```

Hierbei ist allerdings noch offen, was als Datentyp bei f eingesetzt werden soll!

Aus dem angegebenen Beispiel - aber auch aus dem allgemeinen Typenkonzept - folgt, daß eine Prozedurvariable als Objekt einem Datentyp zugeordnet sein muß. Diesem Tatbestand, der z.B. bei der Sprachdefinition von Pascal im Anfang zu uneinheitlichen Lösungen führte, ist in Modula-2 durch den neu eingeführten Prozedurentyp Rechnung getragen.

Definition: Sei P eine Prozedur, bei der Anzahl und zugehörige Datentypen der Parameter sowie im Falle einer Funktionsprozedur der Ergebnistyp festliegen. Wir fassen alle möglichen Prozeduren P dieses Typs zu einem Wertebereich zusammen und nennen diesen **Prozedurentyp**.

In Modula-2 kann also eine Prozedur P - interpretiert als Objekt mit einem zugehörigen Typ - einer Prozedurvariablen Pv zugewiesen werden, sofern Pv und P prozedurkompatibel sind[15]. Eine solchermaßen vereinbarte Prozedurvariable ist dann als aktueller Parameter einsetzbar. Der Typkonstruktor zur Definition eines Prozedurentyps lautet:

```
PROCEDURE name (p1; p2; ...pn);
```

bzw.

```
PROCEDURE name (p1; p2; ...pn) : typname;
```

Dabei stehen die Größen p_i für die Datentypen der benötigten Parameter und typname für den Ergebnistyp, falls es sich um eine Definition für Funktionsprozeduren handelt. Zu beachten ist, daß bei der Festlegung der Parametertypen p_i auch angegeben werden muß, ob der entsprechende Parameter als "value" - oder "reference" - Parameter benutzt werden soll.

---

15 Prozedurkompatibilität zwischen zwei Prozeduren p1 und p2 bedeutet, daß

1. p1 und p2 die gleiche Anzahl von Formalparametern haben,
2. in der Reihenfolge sich entsprechende Parameter vom gleichen Typ sind sowie der gleichen Übertragungstechnik angehören,
3. entweder p1 und p2 beide nicht Funktionsprozeduren oder als Funktionen den gleichen Ergebnistyp besitzen.

Wir verdeutlichen den Gebrauch von Prozedurvariable und Prozedurentyp mit dem oben eingeführten Beispiel, geben allerdings nur die für das Verständnis relevanten Programmzeilen an (Abbildung 14):

```
MODULE Int;
....
TYPE RealFunc = PROCEDURE (REAL) : REAL;  (* Prozedurentyp *)
....
VAR  F_Var : RealFunc;                    (* Prozedurvariable *)
....
PROCEDURE Funktion1 ( x: REAL): REAL;
....
END Funktion1;
PROCEDURE Funktion2 ( x: REAL): REAL;
....
END Funktion2;
PROCEDURE Funktion3 ( x: REAL): REAL;
....
END Funktion3;

(* hier beginnt die Vereinbarung der Integral-Prozedur *)
PROCEDURE Integral (a,b:REAL; n:CARDINAL; f:RealFunc):REAL;
....
(* als eine mögliche Anweisung steht hier z.B.: *)
  Hilf:= (f(a) + f(b)) / 2.0;
....
END Integral;

(* hier beginnt der Ablaufteil des Hauptprogramms *)
BEGIN
....
  F_Var := Funktion2;                  (* Zuweisung an die Prozedurvariable *)
  Erg   := Integral (a,b,n,F_Var);     (* Aufruf der Prozedur  *)

  (* auch der Einsatz von Funktion2 als "konstantem" Prozedurparameter ist möglich: *)
  Erg   := Integral (a,b,n,Funktion2);
....
END Int.
```

Abb. 14: Prozedurvariable

Aber nicht nur als Parameter einer Prozedur lassen sich Prozedurtypen einsetzen. Sie können sogar einer Komponentenvariablen innerhalb einer Satzstruktur zugeordnet werden. Damit erhält ein solches Objekt auch einen Aktionenteil als Attribut, was uns immerhin schon in die Nähe des objektorientierten Ansatzes bringt (siehe Kapitel 2.6). Als kleinen Schönheitsfehler muß man dabei jedoch akzeptieren, daß die Darstellung einer Typdefinition unter Umständen (z.B. bei einem rekursiven Gebrauch) die Einführung des Zeigertyps erzwingt.

2.3.3 Rekursive Prozeduren

Beim Entwurf von Algorithmen wird man - ausgehend von der Suche nach günstigerem Zeitverhalten oder nach einer einfacheren, verständnisvolleren Beschreibung - auf ein Prinzip geführt, das in vielen Bereichen des täglichen Lebens zwangsweise (wenn auch häufig mit negativen Konsequenzen) zum Tragen kommt:

"Teile und herrsche!"

Dieser auf die Maxime des französischen Königs Ludwig XI. zurückgehende Grundsatz ("divide et impera" - "divide and conquer") bedeutet für die Konstruktion eines Lösungsverfahrens, daß man

- das Problem in Teilprobleme zerlegt (divide), wobei eines oder mehrere dieser Teilprobleme durch die gleiche Vorgehensweise (conquer) gelöst werden.

Dabei geschieht dies nach der Maßgabe, daß

- das Prinzip so lange angewandt wird, bis ein Teilproblem entsteht, das auf einfache ("natürliche") Weise gelöst werden kann und

- bei der Darstellung des allgemeinen Verfahrens diese einfache Lösung festgelegt wird.

Im mathematischen oder naturwissenschaftlichen Bereich kennzeichnet man die Tatsache, daß die Definition eines Problems, eines Verfahrens oder einer Funktion durch sich selbst geschieht, mit dem Begriff **Rekursion.** Wie wir sehen, führt die Vorgehensweise nach dem Prinzip des "divide and conquer" beim algorithmischen Entwurf von Lösungsverfahren zum **rekursiven Algorithmus**, wobei die oben erwähnte Voraussetzung für die Konstruktion wie folgt formuliert werden kann:

- ein Algorithmus "ruft" sich - zumindest teilweise - selbst auf

- jeder rekursive Algorithmus hat eine nicht-rekursive Grenze ("Verankerung", "Rekursionsstop"), die beim Entwurf berücksichtigt wird.

Wir wollen im Folgenden nicht die völlige Bandbreite der Anwendung von Rekursionen behandeln wie z.B. den Einfluß der Rekursion auf die Komplexität eines Problems oder die rekursive Verwendung von Funktionen. Ebenso soll hier keine Diskussion über Vor- und Nachteile von Rekursionen geführt werden, bei der im Einzelnen auf die Konsequenzen bei der Implementierung oder auf die Unterstützung durch Programmiersprachen einzugehen wäre. Hierzu wird auf die umfangreiche Literatur verwiesen, siehe z.B. [Schnorr 74]. Rekursion als Entwurfsprinzip werden wir ausführlich bei der Definition von dynamischen Datentypen wiederfinden (siehe Kapitel 3); im Zusammenhang mit der Verarbeitung entsprechender Objekte wird eine Verwendung von rekursiven Algorithmen unumgänglich sein. Dazu - wie überhaupt zur Realisierung von rekursiven Programmabläufen - stellt Modula-2 als Werkzeug die "rekursive Prozedur" zur Verfügung; darauf wollen wir in diesem Unterabschnitt noch etwas ausführlicher eingehen.

Wir verstehen unter einer **rekursiven Prozedur** eine Prozedur (eigentliche oder Funktionsprozedur), die sich in ihrem Aktionsteil entweder direkt oder indirekt selbst aufruft. Indirekt geschieht dieser Aufruf, wenn er sich in einer Prozedur, die selbst innerhalb des Anwendungsteils aktiviert werden soll, "verbirgt".

Beispiel 1:

```
PROCEDURE Ausgabe;
(* Die IO-Prozeduren RdKey und WrChar müssen importiert sein! *)
VAR C : CHAR;
BEGIN
  C:= RdKey ();       (* hier wird ein Zeichen eingelesen *)
  IF C = '#'          (* das Rekursionsende stellt die Eingabe des Zeichens "#" dar *)
    THEN
     ELSE Ausgabe(C); WrChar(C)
  END
END Ausgabe;
```

Abb. 15: Rekursion (Erstes Beispiel)

Dieses klassische Beispiel wird ohne Aufgabenstellung angegeben, diejenigen unter unseren Lesern/innen, die das Beispiel bzw. das Konzept der Rekursion nicht kennen, sollten sich den Ablauf und damit auch die Zielsetzung des Algorithmus an einer einfachen Zeichenfolge verdeutlichen. (Hinweis: Der Aufruf der Prozedur "Ausgabe" in einem Hauptprogramm-Modul kann mit einem beliebigen aktuellen Parameter vom Typ CHAR erfolgen.)

Beispiel 2:

Es soll der Test einer ganzen Zahl n >= 0 auf gerade bzw. ungerade mit Hilfe von entsprechenden Prozeduren realisiert werden (Abbildung 16):

```
PROCEDURE Ungerade (N : CARDINAL) : BOOLEAN;
BEGIN
    RETURN (N > 0) AND Gerade (N-1)
END Ungerade;

PROCEDURE Gerade(N : CARDINAL) : BOOLEAN;
BEGIN
    RETURN (N = 0) OR Ungerade (N-1)
END Gerade;
```

Abb. 16: Rekursion (Zweites Beispiel)

Diese Darstellung muß aus zwei Gründen näher erläutert werden: Zum ersten entsteht ein syntaktisches Problem dadurch, daß die Vereinbarung der Prozedur "Ungerade" den Aufruf der Prozedur "Gerade" enthält, die jedoch zum Zeitpunkt der Vereinbarung von "Ungerade" syntaktisch nicht bekannt ist. Da beide Prozeduren sich gegenseitig aufrufen, löst eine Umkehrung der Reihenfolge bei der Vereinbarung das Problem nicht. Modula-2 liefert deswegen in ähnlicher Weise wie z.B. auch Pascal die sogenannte "FORWARD-Direktive"[16]. Damit wird die für die Übersetzung notwendige Information geliefert, ohne daß auf eine derartige Konstruktion verzichtet werden muß. Die syntaktisch korrekte Prozedurvereinbarung lautet damit (Abbildung 17):

```
PROCEDURE Gerade (N : CARDINAL) : BOOLEAN;
FORWARD;

PROCEDURE Ungerade (N : CARDINAL) : BOOLEAN;
BEGIN
   RETURN (N > 0) AND Gerade (N-1)
END Ungerade;

PROCEDURE Gerade(N : CARDINAL) : BOOLEAN;
BEGIN
   RETURN (N = 0) OR Ungerade (N-1)
END Gerade;
```

Abb. 17: Rekursion (Zweites Beispiel korrigiert)

Der Aufruf kann dann z.B. in der Form

```
IF Ungerade(n) THEN WrStr ("n ist ungerade")
               ELSE WrStr ("n ist gerade")
```

erfolgen.

Die zweite Bemerkung zu diesem Beispiel mit indirekter Rekursion zielt darauf ab, daß hier eine Lösung des Problems gegeben wird, die im höchsten Maß unökonomisch bezüglich der effektiven Ausführungszeit ist. (Auch die nicht vorbelasteten Leser und Leserinnen werden sich leicht ein effektiveres Verfahren vorstellen können.) Es handelt sich hier also um ein rein didaktisches Beispiel, das allerdings in sehr einfacher Weise die zu vermittelnde Problematik zeigt.

Zum Abschluß diskutieren wir noch kurz die Auswirkungen einer rekursiven Prozedur auf den Speicherplatzbedarf, die häufig unterschätzt werden. Bei jedem neuen Aufruf einer Prozedur werden für die in der Prozedur vereinbarten Größen (lokal deklarierte Objekte wie auch z.B. Werteparameter) Speicherplatzreservierungen vorgenommen. Dies bedeutet, daß während des Programmablaufs eine von der aktuellen Rekursionstiefe abhängige dynamische Speicherbelegung stattfindet, was im Fall von dadurch entstehenden Kollisionen zu unvorhergesehenen Fehlern führen kann. (Eine Vorstellung davon bekommt man leicht, wenn man im obigen zweiten Beispiel eine relativ große CARDINAL-Zahl als Eingangsgröße wählt.)

---

[16] Die FORWARD-Direktive ist in der ursprünglichen Sprachdefinition nicht vorgesehen, ihre Benutzung wird daher nicht völlig einheitlich gehandhabt. Wir orientieren uns hier an dem anfangs erwähnten Clarion-Compiler.

Um eine unnötige Aufblähung des Speicherbereichs zu vermeiden, bietet sich an, die Anzahl der neu zu vereinbarenden Objekte so gering wie möglich zu halten. Im Einzelfall kann dies etwa durch Einführung von Referenzparametern geschehen, wobei natürlich die Konsequenz dieser Parameterübertragung beachtet werden muß. Auch die Benutzung von globalen Größen kann an dieser Stelle sinnvoll sein, sofern sichergestellt ist, daß durch die entsprechenden Objekte kein "Seiteneffekt" entsteht.

2.4 Anwendung: Sortieren in Reihen

2.4.1 Grundsätze

Wir folgen mit diesem Kapitel einer traditionellen Vorgehensweise für Standardliteratur im Bereich Datenstrukturen. Es bietet sich an, nach der Besprechung der Fundamentalstrukturen (Reihe, Satz, Menge) einen größeren Komplex aus den Anwendungsgebieten dieser Strukturen zu bearbeiten. Da Mengen nicht die entscheidende Rolle in der Praxis spielen und Satzstrukturen häufig als Komponenten von Reihen auftreten, ist es sinnvoll, exemplarisch die Verarbeitung von Reihen zu behandeln.

Wenn man die für Objekte vom Typ Reihe vorkommenden Operationen wie

- eine beliebige Komponente finden (–> Suchalgorithmen)
- die jeweils nächste Komponente bestimmen
- eine Komponente einfügen oder löschen

formuliert, bezieht man sich dabei auf Wertebereiche, für die eine Totalordnung (meist "<=" - Relation) definiert ist. Da die Elemente innerhalb einer Reihe also im Hinblick auf diese Ordnung sortiert vorliegen müssen, spielen entsprechende Algorithmen eine wesentliche Rolle. Außerdem werden einige der klassischen Methoden überhaupt erst sinnvoll mit Hilfe von rekursiven Prozeduren realisiert; damit stehen diese in unmittelbarem Zusammenhang mit dem vorherigen Abschnitt.

Bevor wir uns einen Überblick über die in der Praxis gebräuchlichsten Methoden verschaffen, sollen noch einige allgemeingültige Aussagen zur Bewertung von unterschiedlichen Algorithmen gemacht werden.

Kriterien für eine solche Bewertung können sein: Speicherplatzverbrauch, Schnelligkeit, Genauigkeit, Darstellungsform. Die Frage nach Genauigkeit stellt sich in unserem Fall nicht, da bei der Sortierung i.a. keine numerisch kritischen Operationen anfallen; die Anzahl der benötigten Speicherplätze ist unabhängig von den zu untersuchenden Verfahren (bis auf einige wenige Hilfsspeicherplätze), da wir voraussetzen wollen, daß die Sortierung einer Reihe "in sich" geschieht, d.h. es soll keine zusätzliche Reihenstruktur benötigt werden. Was die Darstellungsform betrifft, so werden wir zu entscheiden haben, ob die Konstruktion beim Programmentwurf und die Beschreibung mit Hilfe eines bestimmten Sprachkonzepts einen Vorteil für das Verständnis und damit auch die Wartungsfreundlichkeit bietet (Schleifenkonzept versus rekursive Prozedur). Diese Entscheidung wird jedoch sehr subjektiv gefällt werden, es handelt sich hierbei zumindest um eine nicht mit objektiven Maßstäben beurteilbares Kriterium.

Schließlich bleibt als wesentliches Unterscheidungsmerkmal die Komplexitätsaussage bezüglich der verbrauchten Rechenzeit bestehen. Wir wollen eine solche "Funktion" im Folgenden mit T(n) bezeichnen, wobei n die Anzahl der Eingangsdaten darstellt. Dabei müssen wir differenzieren zwischen den beiden bei der Sortierung wesentlichen Grundoperationen:

- Vergleich (zweiwertige Aussage von der Form "x <= y")
- Austausch (eine Folge von Zuweisungsoperationen der Form: h := x; x := y; y := h)

(Hinweis: In der Literatur werden an dieser Stelle häufig nur einfache Zuweisungen gezählt, was zu leicht veränderten Aussagen führt.)

Welche der beiden Operationen die Basis für die Komplexitätsbetrachtung bilden, hängt von der Struktur der einzelnen Reihenkomponenten ab. Handelt es sich hierbei um komplexe Strukturen, wie sie in der Praxis häufig auftreten (z.B. aufwendig gegliederte Satzstrukturen mit einer großen Anzahl von Komponenten), so wird in der Regel mit Schlüsselkomponenten für den Vergleich gearbeitet. Die Komplexität bezüglich des Austauschs von Reihenelementen ist dann natürlich höher einzuschätzen als diejenige, die nur die Vergleichsoperationen berücksichtigt, selbst wenn man spezielle Techniken wie etwa zusätzliche Zeigervertauschungen einsetzt.

Komplexitätsaussagen T(n) hängen außerdem davon ab, in welcher Form die Eingabedaten (also die n Komponenten der zu sortierenden Reihe) vorliegen. Von den n! möglichen Permutationen wird es günstige und weniger günstige Konstellationen geben, etwa dadurch, daß ein beliebig großer Teilbereich bereits vorsortiert ist, oder daß die Reihe als Ganzes in umgekehrter Sortierfolge vorliegt. Es ist daher sinnvoll, bei allen Verfahren Aussagen über den

- **schlimmsten** Fall ("worst case"), den
- **besten** Fall ("best case") und den
- **durchschnittlichen** Fall ("average case")

zu geben. Im letzten Fall, der in der praktischen Anwendung natürlich die größte Bedeutung hat, wird man den Erwartungswert für die Anzahl der entsprechenden Operationen bei vorgegebener Wahrscheinlichkeitsverteilung ermitteln.

Von besonderem Interesse ist dabei meist eine asymptotische Aussage von der Form: Wie verhält sich der Algorithmus für große n (in der Grenze mit n -> ∞) ? Dieses asymptotische Verhalten werden wir wie üblich mit dem Symbol O( ) bzw. Q( ) beschreiben.[17]

---

[17] f, g seien Funktionen mit f,g: X -> X. Wenn dann für eine Funktion f gilt, sie gehört der Klasse O(g) an, so bedeutet dies, daß f(x) für x -> ∞ höchstens so schnell wächst wie g(x).
O(g) := { f: X -> X | es existiert ein c > 0 und ein x_0 aus X derart, daß für alle x >= x_0 gilt: f(x) <= c*g(x) }.
Entsprechend definieren wir den Operator Q durch die Bedingung, daß f(x) für x -> ∞ gleich schnell wächst wie g(x).
Q(g) := { f: X -> X | es existiert ein c > 0 und ein x_0 aus X derart, daß für alle x >= x_0 gilt: f(x) = c*g(x) }.

Will man die (unter den in Kapitel 2.4.1 angegebenen Voraussetzungen) in der Praxis bekannten Algorithmen klassifizieren, so eignen sich hierfür die Komplexitätsaussagen. Danach sprechen wir einerseits von der Gruppe der einfachen Sortierverfahren, deren gemeinsames Merkmal Zeitaufwandsaussagen von der Form $O(n^2)$ sind und andererseits von der Gruppe der schnellen Sortierverfahren, geprägt durch Aussagen, die zumindest im average case in der Form $O(n^p)$ mit $1 < p < 2$ (p aus IR) oder häufiger noch in der Form $O(n*\log_2 n)$ vorliegen.

Gekennzeichnet werden die beiden Gruppen zusätzlich durch die Art und Weise, wie die einzelnen Reihenkomponenten bei den Vergleichsoperationen durchlaufen werden. Bei den einfachen Methoden geschieht der Sortiervorgang mit Hilfe von Vergleichen unmittelbar benachbarter Elemente, man spricht daher auch von "direkten" Methoden. Schnellere Verfahren erhält man dadurch, daß die Reihen vor den Vergleichsoperationen entsprechend manipuliert werden (z.B. durch Gruppenbildung); hier spricht man von "indirekten" Methoden.

Wir stellen im Folgenden einige Sortieralgorithmen kurz vor, gehen dann bei Quicksort auf Einzelheiten ein. Für Varianten der Grundprinzipien, Detailfragen oder die Herleitung der Komplexitätsaussagen verweisen wir die interessierten Leser/innen auf die Spezialliteratur (siehe z.B. [Knuth 73], [Wirth 86], [Mehlhorn 88]).

2.4.2 Einfache, direkte Sortierverfahren

2.4.2.1 Sortieren durch Einfügen (insertion sort)

Die Methode besteht darin, aus einem unsortierten Bereich die einzelnen Elemente sukzessiv in einen sortierten Bereich einzufügen. Zu Beginn des Verfahrens hat der unsortierte Anteil n-1 Komponenten, der vorsortierte Teil stellt das Anfangs-(oder End-)element dar.

Wir veranschaulichen die Vorgehensweise durch eine Skizze (Abbildung 17):

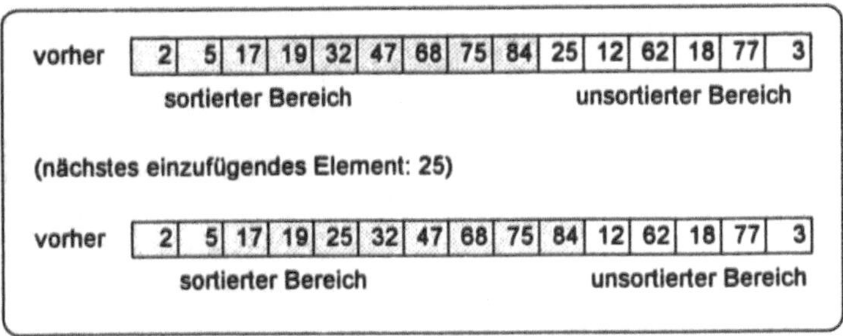

Abb. 17: Sortieren durch Einfügen

Die Komplexitätsaussagen hierfür lauten:

bezüglich Vergleichsoperationen $T_{best}(n) = n - 1$

$$T_{aver}(n) = (n^2 + 3n - 4)/4$$
$$T_{worst}(n) = (n^2 + n - 2)/2$$

bezüglich Austauschoperationen $T_{best}(n) = 0$
$T_{aver}(n) = (n^2 - n)/4$
$T_{worst}(n) = (n^2 - n)/2$

(Die angegebenen Ausdrücke hängen noch von der Realisierung des Algorithmus ab; asymptotisch ändert sich jedoch nichts an den Aussagen, da die Veränderungen sich nicht auf die quadratischen Terme auswirken, es gilt generell $T_{aver}(n) = Q(n^2)$.)

2.4.2.2 Sortieren durch Auswählen (selection sort)

Hier erreicht man die Sortierung dadurch, daß aus den jeweils unsortierten Bereichen das minimale Element (bzw. maximale bei umgekehrter Vorgehensweise) herausgesucht, mit dem aktuell letzten (bzw. ersten) dieses Bereichs vertauscht und anschließend der sortierte Abschnitt um den Extremwert verkürzt wird. Zu Beginn des Verfahrens wird die gesamte Reihe als unsortierter Bereich angesehen (siehe Abbildung 18):

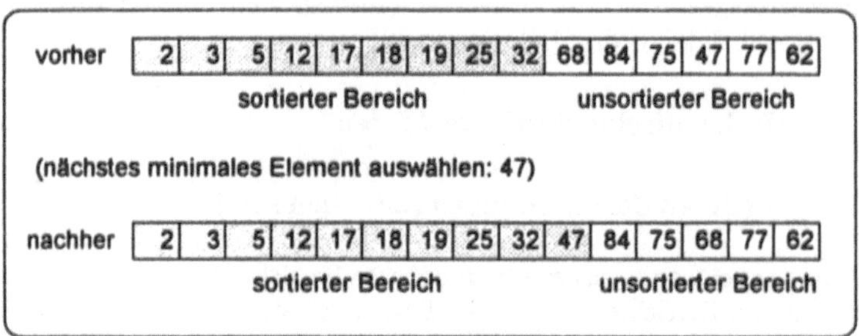

Abb. 18: Sortieren durch Auswählen

Die Komplexitätsaussagen hierfür lauten:

bezüglich Vergleichsoperationen $T_{best}(n) = (n^2 - n)/2$
$T_{aver}(n) = (n^2 - n)/2$
$T_{worst}(n) = (n^2 - n)/2$

bezüglich Austauschoperationen $T_{best}(n) = n - 1$
$T_{aver}(n) = n - 1$
$T_{worst}(n) = n - 1$

(Für die asymptotischen Aussagen gilt damit $T_{aver}(n) = Q(n^2)$ bzw. $T_{aver}(n) = Q(n)$. Man beachte, daß den Komplexitätsaussagen auch hier der Algorithmus ohne zusätzliche Variante zu Grunde liegt. Außerdem werden nicht die notwendigen "Bewegungen" von Elementen zur Extremwertsuche berücksichtigt; in diesem Fall verändert sich die zweite asymptotische Aussage erheblich zu: $T_{aver}(n) = Q(\log_2 n*n)$.)

2.4.2.3 Sortieren durch direktes Vertauschen (bubble sort)

Die Reihe wird durch sukzessives Vertauschen benachbarter Komponenten (entsprechend der gewünschten Reihenfolge) behandelt, so daß die minimalen Komponenten (bz. maximalen bei umgekehrter Vorgehensweise) automatisch an den Rand des aktuellen unsortierten Bereichs "wandern", der Bereich wird anschließend um dieses Element verkürzt. Die Tatsache, daß die maximalen Elemente - wie angedeutet bei der umgekehrten Vorgehensweise - die gleiche Eigenschaft wie Luftblasen im Wasser zeigen, nämlich langsam nach oben zu steigen, hat dem Verfahren den auch in der deutschsprachigen Literatur häufig verwendeten Kurznamen Bubblesort eingebracht.

Abb. 19: Sortieren durch direktes Vertauschen

Es gelten die folgenden Komplexitätsaussagen:

bezüglich Vergleichsoperationen $T_{best}(n) = (n^2 - n)/2$
$T_{aver}(n) = (n^2 - n)/2$
$T_{worst}(n) = (n^2 - n)/2$

bezüglich Austauschoperationen $T_{best}(n) = 0$
$T_{aver}(n) = (n^2 - n)/4$
$T_{worst}(n) = (n^2 - n)/2$

Der Sortiervorgang kann vorzeitig abgebrochen werden, wenn (z.B. mit Hilfe einer Boole'schen Größe) festgestellt wird, daß keine Vertauschungen mehr nötig sind. In diesem Fall verändern sich die angegebenen Aussagen, z.B. wird die Anzahl der Vergleiche im besten Fall eingeschränkt auf n-1. Für die Durchschnittswerte ergeben sich leicht verbesserte Ausdrücke, was aber auf das asymptotische Verhalten keinen Einfluß hat. Für die asymptotischen Aussagen gilt damit $T_{aver}(n) = Q(n^2)$.

2.4.3 Schnelle, indirekte Sortierverfahren

Die Motivation zur Entwicklung von schnelleren Methoden ist die Beobachtung, daß alle direkten Verfahren während des Durchlaufens einer Reihe in kleineren Schritten arbeiten, d.h. bei allen Verfahren spielen, wie schon erwähnt, Operationen mit unmittelbar benachbarten Elementen eine wesentliche Rolle. Man erwartet bzw. hofft daher, daß man zu effektiveren Verfahren kommt, wenn man die Komponenten größere Bewegungen machen läßt, um zu ihrer endgültigen Position zu gelangen. Diese Vorgehensweise sowie das in 2.2.3 erwähnte Konstruktionsprinzip "divide and conquer" charakterisieren die folgenden Algorithmen.

2.4.3.1 Sortieren durch Einfügen mit variabler Schrittweite (Shellsort)

Dieses bereits 1959 von D.L.Shell entwickelte Verfahren orientiert sich am Sortieren durch Einfügen, arbeitet jedoch mit der oben angedeuteten Manipulation: Die gegebene Reihe wird in Teilbereiche zerlegt durch Zusammenfassung äquidistanter Elemente, die Teilreihen werden durch Einfügen sortiert. Die so entstandene Reihe wird erneut zerlegt mit verringertem Abstand, und man setzt schließlich den Prozeß fort, bis der Abstand 1 erreicht wird.

Die entscheidende Frage ist dabei, welche Schrittfolge gewählt werden soll, um möglichst gute Ergebnisse zu erreichen. In der Literatur werden hierzu eine Reihe von Vorschlägen gemacht (siehe z.B. [Knuth 73], [Gonnet 91]); das Problem der optimalen Schrittweite ist jedoch nach unseren Informationen bis heute noch nicht gelöst.

Wir veranschaulichen den Shellsort für die Schrittweitenfolge 5, 3, 1 und eine vorgegebene Reihe mit 15 Zahlenwerten:

Die unsortierte Reihe möge lauten:

84	2	32	75	19	12	77	47	25	17	5	62	3	68	18

Die Zusammenfassung von Elementen mit der Schrittweite 5 und deren Sortierung innerhalb der Gruppen liefert

```
84 12  5  ---->  5 12 84
 2 77 62  ---->  2 62 77
32 47  3  ---->  3 32 47
75 25 68  ----> 25 68 75
19 17 18  ----> 17 18 19
```

und damit die 5-vorsortierte Reihe

5	2	3	25	17	12	62	32	68	18	84	77	47	75	19

Die Zusammenfassung von Elementen mit der Schrittweite 3 und deren Sortierung innerhalb der Gruppen liefert

```
5 25 62 18 47  ---->  5 18 25 47 62
2 17 32 84 75  ---->  2 17 32 75 84
3 12 68 77 19  ---->  3 12 19 68 77
```

und damit die 3-vorsortierte Reihe

5	2	3	18	17	12	25	32	19	47	75	68	62	84	77

Mit der Schrittweite 1 erhalten wir schließlich die vollständig sortierte Folge

2	3	5	12	17	18	19	25	32	47	62	68	75	77	84

Vergleicht man die Anzahl der Vertauschungen mit der beim einfachen Sortieren durch Einfügung, so ergibt sich bei diesem Beispiel ein Verhältnis von 26 : 61, also eine erhebliche Aufwandsreduzierung. Auch die allgemeinen Komplexitätsaussagen weisen diese Tendenz auf. Allerdings sind diese Aussagen stark von der benutzten Schrittweitenfolge ab. So wird z.B. für die Folge

$$h_{i-1} := 2 * h_i + 1;\ i = t, t\text{-}1, \ldots, 0;\ \ h_t := 1 \text{ mit } t = \text{int}[\log_2 n] - 1$$

ein asymptotischer Aufwand von $Q(n^{1.2})$ angegeben. (Die Anzahl der Vertauschungen im obigen Beispiel entspricht genau dem Wert $n^{1.2}$, obwohl hier eine etwas abgeänderte Folge gewählt wurde.)

Bei einer Folge mit ganzen Zahlen der Form $2^p * 3^q$, p,q aus IN und $2^p * 3^q < n$
kann man als asymptotisches Verhalten $O\,(n * \log_2 n)$ beweisen [Knuth 73].

Es bleibt festzuhalten, daß das Sortieren durch Einfügen mit variabler Schrittweite einen deutlich geringeren Aufwand benötigt als die elementaren Verfahren, wenngleich wir bei den folgenden Methoden zumindest bei Reihen mit einer großen Anzahl von Komponenten (etwa ab n = 2000) noch günstigere Aussagen erhalten werden.

2.4.3.2 Sortieren mit Halde (Heapsort)

So wie man, ausgehend vom Sortieren durch Einfügen als Grundprinzip, den oben geschilderten Algorithmus nach Shell erhält, so kann man - dem Prinzip der Auswahl von maximalen (oder minimalen) Elementen folgend - ein Verfahren entwickeln, das durch eine zumindest teilweise noch günstigere Komplexität ausgezeichnet ist. J.Williams hat diesen 1964 vorgestellten Algorithmus "Heapsort" genannt: Es wird die gegebene Reihe formal in eine veränderte Datenstruktur verwandelt, einen vollständigen binären Wurzelbaum. Die dabei entstehende Form (eine "Halde", engl.: "heap") muß bestimmten zusätzlichen Eigenschaften genügen. Da wir erst im Kapitel IV ausführlich auf Baumstrukturen und deren Verarbeitung eingehen werden, verzichten wir hier auf eine detaillierte Darstellung, begnügen uns mit der folgenden Komplexitätsaussage und verweisen ansonsten auf die Literatur (siehe z.B. [Wirth 86]).

Das asymptotische Verhalten des Heapsorts ist gekennzeichnet durch $O(n * \log_2 n)$, wobei dies sowohl für den durchschnittlichen wie auch für den ungünstigsten Fall gilt.

2.4.3.3 Sortieren durch Zerlegen (Quicksort)

Der in der heutigen Praxis am häufigsten realisierte (und auch beschriebene) Algorithmus zum effektiven Sortieren von großen Datenmengen stammt in seiner Normalversion von C.A.R.Hoare und wird seit dieser Zeit (1961/62) "Quicksort" genannt.

Wir beschreiben ihn auf Grund seiner Bedeutung in einem eigenen Abschnitt (siehe Kapitel 2.4.4), nehmen aber wegen der Vollständigkeit die Komplexitätsaussagen bereits vorweg. Hierbei entsprechen die angegebenen Werte dem "normalen" Quicksort-Prozeß, spiegeln also nicht eine der zahlreichen in der Literatur beschriebenen Varianten; diese können lediglich das worst-case-Verhalten verbessern.

Es gelten die folgenden asymptotischen Komplexitätsaussagen bezüglich Vergleichs- und Austauschoperationen

$$T_{best}(n) = Q(n*\log_2 n)$$
$$T_{aver}(n) = Q(n*\log_2 n)$$
$$T_{worst}(n) = Q(n^2)$$

Die Angaben für das durchschnittliche Zeitverhalten kann man leicht präzisieren in der Form, daß der konstante Wert in der Abschätzung für Q höchstens um den Faktor $2*\log_2 2$ (= 1.39...) größer ist als im günstigsten Fall (siehe Fußnote 17).

2.4.4 Quicksort

Die Grundidee dieses Sortierverfahrens geht auf die Methode des direkten Austauschs zurück, wobei jedoch im Gegensatz zum einfachen Bubblesort größere Entfernungen zwischen den Elementen zugelassen werden. Die Motivation hierfür begründet man mit der Tatsache, daß eine in umgekehrter Reihenfolge sortierte Reihe mit n/2 Operationen sortiert werden kann, indem man - beginnend an den entgegengesetzten Rändern und fortschreitend bis zur Mitte - die entsprechenden Elemente gegeneinander vertauscht. Zusätzlich wird das Prinzip "divide and conquer" angewandt.

Die Vorgehensweise wollen wir zunächst verbal, dann in Form eines Struktogramms und schließlich mit Hilfe einer Modula-2 - Prozedur darstellen.

- "Divide"
  Bestimme ein mittleres Element x (Median) so, daß etwa gleich viel Reihenkomponenten größer bzw. kleiner als x sind. Tausche die Elemente der Reihe $a_1,a_2,...,a_n$ so gegeneinander aus, daß sie in zwei Teilbereiche zerfällt:

  a) a_k <= x für alle k = 1,...,i-1
  b) a_k >= x für alle k = i,..., n

- "Conquer"
  Verfahre mit den beiden Teilmengen in gleicher Weise, solange bis ein Teilbereich leer ist oder nur noch aus einem Element besteht.

Zum Schluß müssen die einzelnen Bereiche formal zusammengefügt werden, was sich praktisch jedoch erübrigt, da die Reihe "in sich" sortiert wird.

Im Detail bieten sich nun eine Reihe von Optimierungstechniken an, um vor allem die "divide"-Phase mit möglichst wenig Zusatzoperationen durchführen zu können. An Hand des weiter unten angegebenen Struktogramms können diese Möglichkeiten leicht nachvollzogen werden. Die Frage nach dem besten Wert für den Median x soll an dieser Stelle nicht beantwortet werden, es gibt hierzu eine Reihe von Vorschlägen [Hoare 62], [Sedgewick 78]. Wir benutzen bei unserer Darstellung der Einfachheit halber das von der Position her jeweils mittlere Element der Reihe bzw. des Teilbereichs. Dieses Vorgehen schränkt die obigen Komplexitätsaussagen bis auf den schlechtesten Fall nicht ein.

Der 2. Schritt ("conquer") stellt eine ideale Anwendung für rekursive Prozeduren dar, wiewohl man diese Phase auch iterativ entwerfen kann, allerdings mit einem etwas erhöhten Aufwand an Programmtechnik (die Grenzen der einzelnen Teilbereiche müssen gesondert verwaltet werden).

Als graphische Darstellung für den "divide"-Schritt bietet sich unter den soeben gemachten Einschränkungen das in Abbildung 20 gezeigte Struktogramm an; dabei gelten folgende Voraussetzungen für die benutzten Objekte:

- zu Beginn stellt i den am weitesten links stehenden Index und j den am weitesten rechts stehenden Index der zu zerlegenden Reihe dar,
- x enthält den Median,
- a enthält die gegebene Reihe.

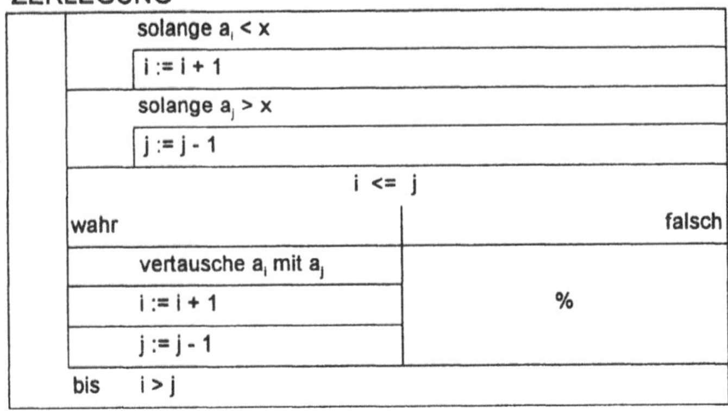

Abb. 20: Quicksort: "divide"-Schritt

Die Abbildung 21 zeigt in der gleichen Technik die rekursive Prozedur, mit deren Hilfe der "conquer"-Schritt realisiert werden kann. Der Median x wird hierbei jeweils durch die Komponente in der Mitte der Reihe - bzw. links von der Mitte bei geradzahliger Anzahl - definiert.

QUICKSORT (l,r)

i := l	
j := r	
x := a [(i+j) DIV 2]	
ZERLEGUNG	
l < j	
wahr	falsch
Quicksort (l, j)	
i < r	
wahr	falsch
Quicksort (i, r)	

Abb. 21: Rekursive Prozedur Quicksort ("conquer")

Diese Prozedur kann zu Beginn der Sortierung in der Form

QUICKSORT (1, n)

aufgerufen werden, wobei n die Anzahl der Reihenelemente darstellt und die Reihe selbst als globales Objekt geführt wird.

Wir veranschaulichen die Zerlegung an Hand des gegebenen Zahlenbeispiels (n = 15):

84 2 32 75 19 12 77 47 25 17 5 62 3 68 18

Mit x = 47 erhalten wir nach dem 1.Zerlegungsschritt:

18 2 32 3 19 12 5 17 25 47 77 62 75 68 84

|

linker Teilbereich rechter Teilbereich

Wird der linke Bereich weiter zerlegt, so ergeben sich mit x = 19 die Teilbereiche:

18 2 17 3 5 12 19 32 25

|

links rechts usw.

Zur Sortierung einer Reihe von maximal 15 (Konstantenfestlegung) Cardinalzahlen geben wir das vollständige Modula-2 - Programm an.

```
MODULE QUICKREK;
IMPORT IO;
CONST n = 15;
TYPE Bereich = [1..n];
       Reihe    = ARRAY Bereich OF CARDINAL;
VAR  a: Reihe;
        i: Bereich;
PROCEDURE QUICKSORT(l,r: Bereich);
  VAR i,j,x : Bereich;
  PROCEDURE ZERLEGUNG;
    VAR  h: Bereich;
    BEGIN
    REPEAT
      WHILE a[i] < x DO i:= i+1 END;
      WHILE a[j] > x DO j:= j-1 END;
       IF i <= j THEN
          h:= a[i]; a[i]:= a[j]; a[j]:= h;
           i:= i+1;  j:= j-1
      END;
    UNTIL i > j;
  END ZERLEGUNG;
  BEGIN
  i:= l;
  j:= r;
  x:= a [(i+j) DIV 2];
  ZERLEGUNG;
  IF l < j THEN QUICKSORT(l,j) END;
  IF i < r THEN QUICKSORT(i,r) END
END QUICKSORT;

BEGIN
  a:= Reihe(84,2,32,75,19,12,77,47,25,17,5,62,3,68,18);
  FOR i:= 1 TO n DO
    IO.WrCard(a[i],4);
  END;

  QUICKSORT(1,n);

  FOR i:= 1 TO n DO
    IO.WrCard(a[i],4);
  END;

END QUICKREK.
```

Abb. 22: Quicksort (Modula-Programm)

Quicksort - Zahlenbeispiel

Gegeben sei die bereits mehrfach benutzte Reihe mit n = 15. Wir geben einen tabellarischen Ausdruck an (s. Tab. 7), der verdeutlicht, in welcher Weise dabei der Quicksort-Algorithmus in der angegebenen Programmversion rekursiv abläuft. Die Tabelle zeigt außer der ersten und letzten Zeile (unsortiert —> sortiert) in den übrigen Zeilen diejenigen Elemente, die beim Aufruf der Prozedur ZERLEGUNG behandelt wurden. Dabei wird in einer Doppelzeile immer der jeweils linke und anschließend der rechte Teilbereich nach der Vertauschung und Aufteilung gezeigt. Zusätzlich werden die Indexpositionen links (l) und rechts (r) vor der Zerlegung sowie die Positionen der Zeiger "vom linken Rand nach rechts" (i) und "vom rechten Rand nach links" (j) nach der Zerlegung ausgegeben (siehe Abbildung 23). Für Varianten und eine genaue Analyse des Quicksort-Verfahrens verweisen wir auf die Literatur. Eine globale Komplexitätsaussage wurde bereits im Abschnitt 2.4.3 vorweggenommen.

84	2	32	75	19	12	77	47	25	17	5	62	3	68	18

l	r																i	j
1	15	18	2	32	3	19	12	5	17	25								9
											47	77	62	75	68	84	10	
1	9	18	2	17	3	5	12											6
								19	32	25							7	
1	6	12	2	5	3													4
						17	18										5	
1	4	2																1
			12	5	3												2	
2	4		3															2
					12												4	
5	6																	4
							18										6	
7	9							19	25									8
										32							9	
7	8																	6
									25								8	
10	15										47	62						11
													77	75	68	84	12	
10	11																	9
												62					11	
12	15												68					12
															77	84	14	
14	15																	13
																84	15	

2	3	5	12	17	18	19	25	32	47	62	68	75	77	84

Abb. 23: Quicksort (Zahlenbeispiel)

2.5 Modulkonzept und Datenkapselung - der abstrakte Datentyp

2.5.1 Der Modulbegriff und seine Realisierung in Modula-2

Als in den Jahren zwischen 1960 und 1970 Möglichkeiten zur Behebung der sogenannten Software-Krise diskutiert wurden - schließlich führte dies bekanntlich zur Entwicklung des "Software Engineerings" -, haben Fachleute als Entwurfsmethoden Datenkapselung ("information hiding") und Modularisierung propagiert. Begriffsbestimmungen hierzu stammen etwa aus der Literatur [Parnas 72] und [Goos 73]. Wir wollen diese Begriffe sinngemäß wiedergeben und anschließend zeigen, wie die Umsetzung in Modula-2 geschehen kann.

Definition: Unter einer **Datenkapsel** verstehen wir die zusammenfassende und nach außen hin abgeschlossene (abgekapselte) Beschreibung von Datenobjekten und zugehörigen Zugriffsalgorithmen mit dem Ziel, die Objekte vor unberechtigtem Zugriff und Veränderungen zu schützen und den Benutzern einer solchen Datenkapsel die Zugriffe zu den Objekten nur über den Aufruf der entsprechenden Algorithmen zu gewähren.

Damit werden also die Ziele des Prinzips der "Geheimhaltung" (information hiding) berücksichtigt; alle Informationen, die für eine Verarbeitung der Objekte nicht relevant sind, bleiben dem Benutzer verborgen. Als notwendige Konsequenz folgt, daß zu einer Datenkapsel eine Schnittstellenbeschreibung gehört, aus der die Zugriffsmöglichkeiten eindeutig hervorgehen. (Eine erste Vorstellung erhält man, wenn man sich jeden Zugriffsalgorithmus als eine Prozedur vorstellt; ein Benutzer benötigt dann die formale Darstellung des Prozedurkopfs sowie eine kommentierende Beschreibung der Bedeutung.)

Verallgemeinern kann man den Begriff der Datenkapsel dahingehend, daß etwa auch nach ablauforientierten oder funktionsorientierten Gesichtspunkten Objekte und Algorithmen zusammengefaßt werden, wenn dies einer Aufteilung eines komplexen Programmsystems im Sinne der Entwicklung von selbständigen und miteinander kommunizierenden Programmteilen dient. Als Zielsetzung kommen dabei ähnliche Forderungen wie oben in Betracht, so daß man nach Goos folgende Definition erhält:

Definition: Unter einem **Modul** verstehen wir eine Sammlung von Objekten und Algorithmen mit der Eigenschaft, daß ihre Kommunikation mit der Außenwelt nur über eine klar definierte Schnittstelle erfolgt. Das Zusammensetzen mehrerer Moduln zu einer Gesamtlösung darf keine Kenntnis ihres inneren Aufbaus voraussetzen, und die Korrektheit eines Moduls muß ohne Kenntnis seiner Einbettung in die Gesamtlösung nachprüfbar sein.

Wie wir sehen, sind für die Entwicklung eines Moduls vier unterschiedliche Aspekte verantwortlich:

- die Importschnittstelle mit einer Liste der von außerhalb einzubeziehenden Objekte und Funktionen,

- die Exportschnittstelle mit einer Liste der nach außen zu übertragenden Objekte und Funktionen,
- die Beschreibung (Implementierung) der Objekte innerhalb des Moduls und
- die Beschreibung (Implementierung) der Funktionen innerhalb eines Moduls.

Realisierung mit Modula-2

Wir beschreiben im folgenden, inwieweit Datenkapselung bzw. Modularisierung durch Sprachkonzepte von Modula-2 unterstützt werden. Den Begriff Modul sowie das Importieren von Objekten bzw. Algorithmen in Form von Prozeduren haben wir implizit schon bei den einfachen Beispielprogrammen der vergangenen Abschnitte kennengelernt. Jedes selbständige Programm in Modula-2 ist ein Modul; wir importieren z.B. die Prozeduren ReadCardinal (RdCard) oder WriteString (WrStr) aus dem Modul Input Output (IO), der uns zusammen mit der Modula-2 - Umgebung zur Verfügung gestellt wird.

Insgesamt gestaltet sich das Modulkonzept in Modula-2 wie folgt:

1. Ein Programm besteht aus einer Hierarchie von Moduln, wobei dem Hauptmodul (dem äußersten steuernden Ablaufteil) die höchste Ebene zugeteilt wird. Auf dieser Ebene können offensichtlich keine Exporte stattfinden, und es entfällt eine formale Aufteilung in Schnittstellen- und Implementierungsteil. Dieser Hauptmodul ist äußerlich gekennzeichnet durch die Kopfzeile

   ```
   MODULE name;
   ```

   wobei "name" den kennzeichnenden Namen des (Haupt-)Programms darstellt.

   Die weiteren syntaktischen Einheiten sind:

   ```
   - import
   - konstante
   - typ
   - variable
   - prozedur
   - modul
   - ablauf
   ```

   Den formalen Abschluß bildet die Endzeile

   ```
   END name.
   ```

   wobei name mit der entsprechenden Eintragung in der Kopfzeile übereinstimmen muß.

   Die einzelnen syntaktischen Einheiten sind jede für sich bis auf "ablaufteil" optional. Die Bedeutung der entsprechenden Definitionen, Vereinbarungen oder Anweisungen ergibt sich im Wesentlichen aus den hier gewählten mnemonischen Bezeichnungen und wird nur verkürzt angegeben:

- import steht für eine beliebige Anzahl von Importlisten, in denen die Namen der zu importierenden Größen (Datenobjekte und Algorithmen in Form von Prozedurnamen) aufgeführt werden; dabei werden verschiedene Importlisten eingeleitet von den Modula-Symbolen IMPORT bzw. FROM ... IMPORT
- konstante steht für eine beliebige Anzahl von expliziten Konstantendefinitionen
- typ steht für eine beliebige Anzahl von expliziten Typdefinitionen
- variable steht für den Vereinbarungsteil aller im Hauptmodul eingeführten Variablen
- prozedur steht für eine beliebige Anzahl von Prozedurvereinbarungen
- modul steht für eine beliebige Anzahl von Vereinbarungen für "innere" Moduln (siehe 2)
- ablauf steht für den mit dem Modulasymbol BEGIN eingeleiteten und in Form einer Sequenz dargestellten Anweisungsteil.

(Der kleinste syntaktisch korrekte Hauptmodul lautet damit

```
MODULE Nichts;
BEGIN END Nichts.
```

wobei der Anweisungsteil nur aus einer Leeranweisung besteht.)

2. Alle untergeordneten Moduln werden als äußere Moduln (siehe 3.) oder als innere Moduln definiert.

   Diese inneren Moduln (auch lokale Moduln genannt) haben die Aufgabe, Details von Objekten für einen speziellen umgebenden Bereich zu verbergen und zeigen damit die typische Moduleigenschaft, wenngleich sie nur lokalen Charakter haben und nicht an beliebige Moduln exportieren können. Sie werden daher formal auf der Stufe des Vereinbarungsteils eines Moduls deklariert (in der gleichen Weise wie bei Prozedurvereinbarungen). Sie unterscheiden sich jedoch von Prozeduren z.B. darin, daß eine saubere Schnittstellenbeschreibung mit Hilfe von IMPORT- und EXPORT- Angaben vorgenommen werden muß, d.h. es entfällt die Gefahr von Seiteneffekten, die durch globale Größen im Prozedurenbereich entstehen können. Da die Bedeutung der inneren Moduln im Zusammenhang mit unserer Zielsetzung relativ gering ist, verzichten wir auf weitere Einzelheiten.

3. Alle weiteren Moduln der Hierarchie, die sogenannten äußeren Moduln, werden formal getrennt in einen Schnittstellenteil (--> DEFINITION MODULE) und einen Beschreibungsteil (--> IMPLEMENTATION MODULE). Beide Teile werden unabhängig von anderen Moduln compiliert, bilden jedoch eine logisch zusammenhängende "Moduleinheit".

   Der **DEFINITION MODULE** eines äußeren Moduls enthält auf Grund seiner Bedeutung als Schnittstelleneinheit keinen beschreibenden Ablaufteil sondern lediglich Import- und Exportangaben. Syntaktisch baut sich dieser Modul wie folgt auf:

```
DEFINITION MODULE name;
        import
        export
END name.
```

Die Bedeutung der Syntaxvariablen name, import und export entspricht der erwähnten Zielsetzung:

- name steht für den identifizierenden Namen des äußeren Moduls (der also mit demjenigen beim zugehörigen IMPLEMENTATION MODULE identisch sein muß)
- import hat die gleiche Bedeutung wie beim Hauptmodul
- export steht für die Spezifikation der zu exportierenden Größen (s. unten).

Im "export" des DEFINITION MODULE werden diejenigen

- Konstantendefinitionen,
- Typdefinitionen,
- Variablenvereinbarungen und
- Prozedurdefinitionen

vorgenommen, die über die Schnittstelle einem Benutzer des äußeren Moduls bekannt gemacht werden, und die beim Gebrauch vom benutzenden Modul entsprechend importiert werden müssen.

Dabei unterscheidet sich die Typdefinition von der üblichen Form (siehe Kapitel 1.1) dadurch, daß ein Typname auch ohne Typzuordnung definiert werden kann. Diese Möglichkeit des "undurchsichtigen" (opak, engl.: opaque) Typexports wird bei der Realisierung des abstrakten Datentyps benötigt (siehe Kapitel 2.5.2, aber auch Kapitel 1.2).

Wesentlich ist auch die veränderte Darstellung der Prozedurdefinition. Gemäß der Zielsetzung der Datenkapselung werden dem Benutzer lediglich die Namen der Prozeduren ("Zugriffsalgorithmen"), zugehörige Parameter und - falls erforderlich - der Funktionstyp mitgeteilt. Dies führt dazu, daß die Syntax einer Prozedurdefinition in einem DEFINITION MODULE dem Prozedurkopf einer üblichen Prozedurvereinbarung entspricht (Kapitel 2.3.1).

Der **IMPLEMENTATION MODULE** eines äußeren Moduls liefert - wie oben bereits angedeutet - die Beschreibung der im zugehörigen DEFINITION MODULE definierten Objekte und Prozeduren. Dies bedeutet im einzelnen, daß die vollständige Vereinbarung aller undurchsichtigen Datentypen vorgenommen werden muß, und daß die nur durch den Prozedurkopf definierten Prozeduren durch ihren Ablaufteil, verbunden mit eventuell benötigten lokalen Objektvereinbarungen zu vervollständigen sind.

Syntaktisch gestaltet sich ein IMPLEMENTATION MODULE wie ein Hauptmodul mit Ausnahme des Modulkopfs in der Form

```
IMPLEMENTATION MODULE name;
```

(wobei name für den bereits im zugehörigen DEFINITION MODULE benutzten identifizierenden Namen steht).

Das heißt, unabhängig von den vorzunehmenden Vereinbarungen kann auch ein interner Ablaufteil vorhanden sein. In diesem Fall wird vor dem Ablauf der Anweisungen eines den entsprechenden IMPLEMENTATION MODULE benutzenden Moduls der interne Anweisungsteil ausgeführt. Dies könnte z.B. zu einer Initialisierung von lokalen Objekten benutzt werden.

Beispiel 1:

Es soll ein externer (äußerer) Modul geschaffen werden, der dem Benutzer zusätzliche mathematische Algorithmen in Form von Prozeduren zur Verfügung stellt. Im DEFINITION MODULE werden dazu die entsprechenden "Prozedurenköpfe" gebildet, im IMPLEMENTATION MODULE folgen die für den Benutzer verborgenen vollständigen Vereinbarungen und damit auch die tatsächliche Realisierung der Algorithmen. In einem Benutzerprogramm (MODULE) können die Algorithmen dann über den Aufruf der importierten Prozeduren zur Ausführung gebracht werden.

```
DEFINITION MODULE MathFunc;
  PROCEDURE Fac(N:CARDINAL):CARDINAL;
  PROCEDURE Entier(X:REAL):INTEGER;
  PROCEDURE Round(X:REAL;M:CARDINAL):REAL;
  PROCEDURE Maxi(A:ARRAY OF REAL; VAR Max: REAL;VAR I: CARDINAL)
END MathFunc.

IMPLEMENTATION MODULE MathFunc;
  PROCEDURE Fac(N:CARDINAL):CARDINAL;
  BEGIN
    IF N = 0 THEN RETURN 1
          ELSE RETURN Fac(N-1)*N
    END Fac;
  (* hier folgen die übrigen Prozedurvereinbarungen *)
  ...
 END MathFunc.


MODULE Benutzer;
(* die benötigten Prozeduren müssen importiert werden: *)
IMPORT MathFunc;
(* oder im Einzelfall:
  FROM MathFunc IMPORT Fac;  *)
VAR Ergebnis, Wert: CARDINAL;
...

(* der Aufruf erfolgt im ersten Fall durch: *)
  Ergebnis:= MathFunc.Fac(Wert);
(* im zweiten Fall genügt: *)
  Ergebnis:= Fac(Wert);
...

END Benutzer.
```

Abb. 24: Externer Modul (erstes Beispiel)

Beispiel 2:

Es soll eine Datenkapsel für ein Objekt vom Typ Buch gebildet werden (siehe auch Kapitel 1.2). Die zugehörigen Zugriffsalgorithmen Einrichten, Auflegen, Lesen und Entfernen werden im IMPLEMENTATION MODULE realisiert (Abbildung 25):

```
DEFINITION MODULE BUCH;
TYPE Buch = RECORD
                Nummer: CARDINAL;
                Autor : ARRAY[1..30] OF CHAR;
                Titel : ARRAY[1..60] OF CHAR;
              END;
PROCEDURE Einrichten();
PROCEDURE Auflegen(Element:Buch);
PROCEDURE Lesen():Buch;
PROCEDURE Entfernen();
END BUCH.

IMPLEMENTATION MODULE BUCH;
TYPE Buchstapel = ARRAY[1..100] OF Buch;
VAR B:Buchstapel;  I:CARDINAL;
PROCEDURE Einrichten();
BEGIN
  I:= 0
END Einrichten;
PROCEDURE Auflegen(E:Buch);
BEGIN
  IF I = 100 THEN  WrStr(" Stapel ist voll! ")
            ELSE I:= I+1;
                 B[I]:= E
  END
END Auflegen;
PROCEDURE Lesen():Buch;
VAR C:Buch;
BEGIN
  C.Nummer:= 0;
  C.Autor := " ";
  C.Titel := " ";
  IF I = 0
    THEN WrStr(" Stapel ist leer! ");
         RETURN C
     ELSE RETURN B[I]
  END
END Lesen;
PROCEDURE Entfernen();
BEGIN
  IF I = 0
    THEN WrStr(" Stapel ist leer! ")
    ELSE I:= I-1
  END
END Entfernen;
END BUCH.
```

Abb. 25: Externer Modul (zweites Beispiel)

2.5.2 Abstrakte Datentypen in Modula-2

In Kapitel 1 haben wir bei der Besprechung der Definitionsmethoden für die Entwicklung von Datenstrukturen bereits darauf hingewiesen, daß man mit Hilfe einer axiomatischen Vorgehensweise Objekttypen "abstrakt" beschreiben kann. Dies geschieht dadurch, daß diejenigen Operationen festgelegt werden, die auf die Objekte eines solchen Typs wirken sollen. (siehe Kapitel 2.2). Führt man sich die Konsequenzen der Datenkapselung oder Modularisierung vor Augen, so erkennt man unschwer den Zusammenhang mit der gerade erwähnten Methode. Wir wollen daher an dieser Stelle zeigen, in welcher Weise das Modulkonzept von Modula-2 die Einführung von abstrakten Datentypen unterstützt. Dazu soll zunächst eine genauere Definition des Begriffs gegeben werden:

Definition: Ein **abstrakter Datentyp** (ADT) bezeichnet einen mit Hilfe von Operationen definierten Wertebereich T'. Dabei werden diejenigen Operationen zur Definition benutzt, die auf Objekte mit Werten aus T' angewandt werden sollen.

Entsprechend der in Kapitel 1 vorgenommenen Differenzierung zwischen Datentypen und Datenstrukturen können wir auch hier von einer **abstrakten Datenstruktur** (ADS) sprechen, wenn ein bestimmtes Objekt durch eine Menge von auf ihm ausführbaren Operationen definiert wird.

Mit den im vorigen Abschnitt gezeigten Möglichkeiten bei der Entwicklung von "äußeren Moduln" können wir unmittelbar die Realisierung eines ADT bzw. einer ADS angeben:

1. Jede Datenkapsel stellt - auf Grund des Geheimnisprinzips - gewissermaßen eine abstrakte Datenstruktur dar und wird in Modula-2 mit Hilfe des Schnittstellen- und des Implementierungsmoduls beschrieben. Im DEFINITION MODULE werden die definierenden Operationen der ADS mit Hilfe von Prozedurköpfen gekennzeichnet, die zugehörigen Zugriffsalgorithmen sind im IMPLEMENTATION MODULE operationell dargestellt. Bei einer Importierung dieses äußeren Moduls kann also von jedem "Benutzermodul" die so definierte abstrakte Datenstruktur benutzt werden, ohne daß die konkrete Realisierung der einzelnen Bestandteile bekannt ist.

2. Zur Realisierung des abstrakten Datentyps muß eine Möglichkeit gefunden werden, wie man den entsprechenden Wertebereich T' kennzeichnet, so daß unterschiedliche Objekte dem gleichen Typ T' zugeordnet werden können. Hierzu wird der in Kapitel 2.5.1 bereits erwähnte "undurchsichtige" Typexport verwendet. Der DEFINITION MODULE gibt in seinem Typdefinitionsteil den Namen des ADT in opaker Form an. Die definierenden Operationen werden wie in 1. über entsprechende Prozedurköpfe beschrieben. Der zugehörige IMPLEMENTATION MODULE muß dann die tatsächliche Realisierung des Wertebereichs sowie die konkrete (operationelle) Beschreibung der Operationen in Form von Prozedurvereinbarungen enthalten.

   Die Einführung des undurchsichtigen Typexports zeigen wir am Beispiel der Datenkapsel "BuchStapel" (siehe Abbildung 25). Wir stellen uns vor, daß ein abstrakter Datentyp "Bücherstapel" geschaffen werden soll, dessen Werte durch die Operationen Einrichten, Auflegen, Lesen und Entfernen definiert sind. Um diesem Datentyp einen

Namen geben zu können, führen wir im DEFINITION MODULE eines entsprechenden externen Moduls den opaken Typnamen "Stapel" ein (Abbildung 26):

```
DEFINITION MODULE BuchStapel;
TYPE Stapel;                    (* opak *)
   Buch = RECORD
              Nummer: CARDINAL;
              Autor : ARRAY[1..30] OF CHAR;
              Titel : ARRAY[1..60] OF CHAR;
           END;
PROCEDURE Einrichten(VAR S:Stapel);
PROCEDURE Auflegen(VAR S:Stapel;Element:Buch);
PROCEDURE Lesen(S:Stapel):Buch;
PROCEDURE Entfernen(VAR S:Stapel);

END BuchStapel.
```

Abb. 26: Datenkapsel Stapel (Definition Modul)

Im zugehörigen IMPLEMENTATION MODULE wird die operationelle Beschreibung des Datentyps vorgenommen, die zugehörigen Prozeduren beziehen sich dann auf eine konkrete Darstellung des ADT, etwa mit Hilfe einer entsprechenden Reihenkonstruktion oder einer verketteten Liste (Abbildung 27):

```
IMPLEMENTATION MODULE BuchStapel;
TYPE Stapel = ARRAY[1..100] OF Buch;

(* oder auch:
  TYPE Stapel =       POINTER TO Stapelelement;
     Stapelelement = RECORD
                  Daten: Buch;
                  Zeiger: Stapel
                  END;              *)
...
```

Abb. 27: Datenkapsel Stapel (Implementation Modul)

Hinweis: Diese Darstellungen sind noch nicht Modula-gerecht, wir werden sie im anschließenden Programmbeispiel (Kapitel 2.5.3) korrigieren und erweitern müssen.

Auf zwei wesentliche Einschränkungen bei der Realisierung eines ADT in Modula-2[18] soll hier schon hingewiesen werden:

- Die Benutzung eines opaken Typexports setzt voraus, daß die konkrete Realisierung des Typs bei der Implementierung mit Hilfe von Zeigertypen vorgenommen wird. Diese

[18] Auch bei diesen Schwierigkeiten denken wir zunächst nicht an die Objektorientierung. Sie kann - und soviel sei hier schon verraten - in der Tat auch mit Modula die genannten Probleme lösen!

- laut Sprachdefinition von Modula-2 - notwendige Einschränkung ist jedoch nur auf den ersten Blick problematisch und stellt in Wirklichkeit keine Schwierigkeit dar, da jedes Objekt gleich welchen Typs in Modula dynamisch (d.h. mit Hilfe von Zeigertypen) erzeugt werden kann. Auf diese Weise kann also die tatsächliche Realisierung vollständig beliebig durchgeführt werden.

- Schwerwiegender - weil hier nicht zu umgehen - ist die Tatsache, daß bei der Realisierung eines abstrakten Typs die untergeordneten Datentypen der einzelnen Komponenten konkret benannt werden müssen. Die Benutzung eines Objekts des entsprechenden ADT muß also auf diese vorgegebene Typisierung Rücksicht nehmen, d.h. man ist beim Entwurf eines Moduls, der den diesbezüglichen ADT benutzen soll, nicht mehr völlig frei. (Im angekündigten Beispiel wird auf diese Einschränkung speziell eingegangen.)

2.5.3 Anwendung: Bücherstapel

Wir greifen das bereits in der Einleitung (Kapitel 1.2) sowie im vorigen Abschnitt beschriebene Beispiel "Bücherstapel" auf und geben eine vollständige Beschreibung des externen Moduls.

Dabei sind folgende Voraussetzungen bzw. Einschränkungen zu beachten:

- Bei der Einführung des Beispiels haben wir die Darstellung von Ausnahmesituationen besprochen, die zur eindeutigen Beschreibung des ADT notwendig sind. Diese Ausnahmesituationen werden im Fall des durch eine feste Anzahl begrenzten Bücherstapels (siehe zweite Bemerkung) durch zwei zusätzliche Prozeduren "Leer" und "Voll" charakterisiert. Sie geben einerseits dem Benutzer des ADT die Möglichkeit abzufragen, ob ein Stapel "leer" bzw. "voll" ist, und sie werden andererseits aus Sicherheitsgründen in den eigentlichen Stapelprozeduren mit eingebaut, damit keine unvorhergesehenen Programmfehler entstehen.

- Die konkrete Darstellung des abstrakten Datentyps "Stapel" wird hier - aus rein didaktischen Gründen - mit einer Reihe vorgenommen, d.h. wir gehen von einer festen Anzahl von Elementen aus. Gleichwohl muß bei der Modula-Realisierung - wie oben bereits erwähnt - der Aufbau der Reihenkonstruktion mit Hilfe eines Zeigers erfolgen. (Leser und Leserinnen, die mit dem Zeigerkonzept noch nicht vertraut sind, werden die Darstellung durch einen Vergleich mit dem Datenkapsel-Beispiel im vorigen Kapitel leichter verstehen können.)

- Der Hinweis aus dem vorigen Abschnitt über die Typenbindung beim ADT wird hier verdeutlicht durch die Tatsache, daß die Beschreibung eines Stapelelements, d.h. die Typdefinition für ein entsprechendes Objekt "Buch", im DEFINITION MODULE konkret vorgenommen werden muß. Dieser Mangel ist mit den herkömmlichen Mitteln einer prozeduralen Sprache - wie sie Modula-2 im Kern darstellt - nicht zu beheben. Welche Möglichkeiten ein erweiterter Sprachumfang hierzu bietet, wird im nächsten Abschnitt unter anderem erläutert.

Unter diesen Voraussetzungen kann man den externen Modul folgendermaßen gestalten (Abbildungen 28 und 29):

```
DEFINITION MODULE BuchStapel;

TYPE Stapel;
   Buch = RECORD
            Nummer: CARDINAL;
            Autor : ARRAY[1..30] OF CHAR;
            Titel : ARRAY[1..60] OF CHAR;
          END;

PROCEDURE Einrichten(VAR S:Stapel);     (* richtet einen leeren Stapel ein *)
PROCEDURE Auflegen(VAR S:Stapel;Element:Buch);  (* legt ein "Buch" auf den Stapel *)
PROCEDURE Lesen(S:Stapel):Buch;          (* übermittelt das oberste Buch des Stapels *)
PROCEDURE Entfernen(VAR S:Stapel);       (* entfernt das oberste Buch des Stapels *)
PROCEDURE Leer(S:Stapel):BOOLEAN;      (* liefert "TRUE", falls der Stapel leer ist *)
PROCEDURE Voll(S:Stapel):BOOLEAN;      (* liefert "TRUE", falls der Stapel voll ist *)
END BuchStapel.
```

Abb. 28: ADT Stapel (Definition Modul)

```
IMPLEMENTATION MODULE BuchStapel;
 FROM IO IMPORT WrStr;
 CONST Max = 100;  (* Grenzwert für den Stapel *)
 TYPE Stapel      = POINTER TO Stapelelement;
    Stapelelement = RECORD
                               Daten:  ARRAY[1..Max] OF Buch;
                               Index:  CARDINAL
                         END;

 PROCEDURE Leer(S:Stapel):BOOLEAN;
   BEGIN  RETURN S^.Index = 0
   END Leer;

 PROCEDURE Voll(S:Stapel):BOOLEAN;
   BEGIN  RETURN S^.Index = 100
   END Voll;

 PROCEDURE Einrichten(VAR S:Stapel);
   BEGIN  S^.Index := 0
   END Einrichten;

 PROCEDURE Auflegen(VAR S:Stapel;Element:Buch);
   BEGIN
     IF Voll(S)
       THEN  WrStr(" Stapel ist voll! ")
       ELSE
         S^.Index:= S^.Index + 1;
         S^.Daten[S^.Index]:= Element
     END
   END Auflegen;

 PROCEDURE Lesen(S:Stapel):Buch;
   VAR Hilf:Buch;
   BEGIN
     IF Leer(S)
       THEN  WrStr(" Stapel ist leer! ")
                  Hilf.Nummer:= 0;
                  Hilf.Autor := "Kein Autor";
                  Hilf.Titel := "Kein Buch";
                  RETURN Hilf
       ELSE  RETURN S^.Daten[S^.Index]
 END Lesen;

 PROCEDURE Entfernen(VAR S:Stapel);
   BEGIN
     IF Leer(S)
       THEN  WrStr(" Stapel ist leer ")
       ELSE  S^.Index:= S^.Index - 1
 END Entfernen;

 END BuchStapel.
```

Abb. 29: ADT Stapel (Implementation Modul)

2.6 Objektorientiertes Programmieren

Wie wir in den vorangegangenen Kapiteln gesehen haben, bietet Modula mit den klassischen Methoden des information hiding und der Kapselung über externe Moduln gute Mittel, wesentliche Ziele strukturierter und modularer Programmentwicklung zu erreichen. Dennoch haben wir auch gesehen, daß gerade die Implementation des abstrakten Datentyps unter der strengen Typbindung (siehe Kapitel 2.5) leidet. Für dieses Problem haben wir bisher noch keine effiziente Lösung angeboten. Das werden wir jedoch in diesem Kapitel über die objektorientierte Programmierung nachholen.

2.6.1 Klassische Ziele der Objektorientierung

Zugegeben - aus heutiger Sicht erscheint es schon ein wenig vermessen, von "klassischen" Zielen der Objektorientierung zu sprechen. Schließlich befinden wir uns offenbar gerade erst am Beginn einer Ära in der Informatik, die von dem Paradigma der Objektorientierung gekennzeichnet ist. Niemand weiß so recht, welche Bedeutung das Thema mittel- und langfristig für die Softwareentwicklung haben wird. Folgt man aber der herrschenden Meinung in der Literatur, so lassen sich zumindest heute folgende Ziele erkennen:

(1) Kapselung

- Abstraktion der Daten und Ablaufstrukturen; diese Idee führt nahtlos zum abstrakten Datentyp (ADT) bzw. zur abstrakten Datenstruktur (ADS)
- Bindung der Ablaufstrukturen an die Datenstruktur; dies führt uns zum Modulkonzept und dabei insbesondere zum externen Modul
- Zugriff auf die Komponenten der Datenstruktur erfolgt ausschließlich über damit verbundene Methoden; die einzelnen Komponenten der Datenstruktur sind nicht direkt zugriffsfähig, derart gekapselte Datenstrukturen werden als Klassen bzw. Objekte bezeichnet. Damit haben wir auch einen erheblich weiteren Objektbegriff gefunden (siehe Kapitel 1.1).

(2) Klassifikation
Alle Klassen werden in einer Hierarchie angeordnet. Ihre Position in der Hierarchie bestimmt sich aus der Generalisierung oder Spezialisierung von bestimmten Eigenschaften (Komponenten, Methoden).

(3) Vererbung
Eigenschaften der Klassen vererben sich entlang der hierarchischen Anordnung. Dies schließt sowohl Komponenten als auch Methoden ein.

(4) Polymorphismus
Methoden mit ähnlichen Diensten (die allerdings auf Objekten unterschiedlicher Klassen wirken sollen) bekommen den selben Namen. Die Auswahl der zum Objekt passenden Methoden erfolgt nicht mehr durch den Programmierer, sondern durch den Compiler (statisch) oder das Laufzeitsystem (dynamisch).

(5) Virtuelle Methoden
Polymorphismus und dynamisches Binden erlauben insbesondere den Einsatz virtueller Methoden, nach dem Methoden von in der Hierarchie übergeordneten Klassen (sogenannten Superklassen) auf Objekte darunter angeordneter Klassen (sogenannter Subklassen) angewandt werden, dabei allerdings Methoden dieser speziellen Subklassen benutzen (siehe auch Redefinition von Methoden z.B. in Smalltalk).

Glaubt man maßgeblichen Persönlichkeiten der Softwareentwicklung, so sollen gerade diese Grundkonzepte der objektorientierten Programmierung für eine höhere Systematik in der Gestaltung von Software führen, sowie darüber hinaus - und damit verknüpft - ein hohes Maß an Wiederverwendbarkeit von Softwareteilen erlauben (siehe insbesondere [Meyer 90] und [Rumbaugh 93]).

Objektorientierte Systementwicklung stellt die Objekte des Systems in den Mittelpunkt:

- In der objektorientierten Analyse (OOA) geht es darum, Objekte in der Umwelt zu identifizieren und in einer vorläufigen Klassenbeschreibung informell, das heißt anwendungsorientiert in ihren Leistungen zu definieren.

- Im objektorientierten Design (OOD) werden diese vorläufigen Klassen exakt festgelegt (Benennungen, Schnittstellen, Klassenformular, Vererbungsbaum). Sie erhalten hier ihre DV-technischen Daten und Methoden. Ergebnis ist die Architektur des Anwendungssystems (mit der genauen Festlegung des Verhaltens nach innen wie nach außen).

- Die objektorientierte Programmierung (OOP) füllt den gegebenen DV-technischen Rahmen aus: jede erkannte und definierte Klasse erhält ihren Programmcode.

Soweit ist sich die Fachwelt noch einigermaßen einig. Völlig auseinander gehen jedoch die Meinungen darüber, wie OOA und OOD im Detail ausgeführt werden sollen. Und: Wie gelangt man überhaupt zu Objekten (was ist **Objekt**, was ist nur **Attribut**)? Welches sind angemessene graphische Hilfsmittel zur objektorientierten Systementwicklung? Solange es kein korrespondierendes Standard-Entwicklungsmodell gibt, gibt es auch keine allgemein akzeptierten grafischen Beschreibungsmittel.

Dennoch benötigen auch wir in diesem Buch sowohl Ansätze einer Methode (hier tun wir uns allerdings leicht, da OOA und OOD nicht Gegenstand dieses Buches sind) als auch geeignete Beschreibungsmittel. So müssen wir zumindest die Ergebnisse von OOD-Prozessen darstellen, um deren Umsetzung in Programmstrukturen erläutern zu können. Doch genug der Vorrede; wie benutzen zur Beschreibung der Struktur von Objekten Klassenformulare (ein Beispiel finden Sie in Abbildung 30) und ihre Vererbungshierarchie in einer Übersichtsgraphik (siehe Abbildung 31).

Klasse: NatuerlicheZahl	Superklasse: -
Attribute: Wert: CARDINAL	
Methoden:	
Get ()	übergibt dem Anwendungsprogramm den Wert
Set (w:CARDINAL)	übernimmt w in das Attribut Wert
Inc	Erhöht Wert um 1
Dec	Vermindert Wert um 1
Add (o:NatuerlicheZahl)	Addiert auf Wert den Wert eines anderen Objekts o

Abb. 30: Klassenformular

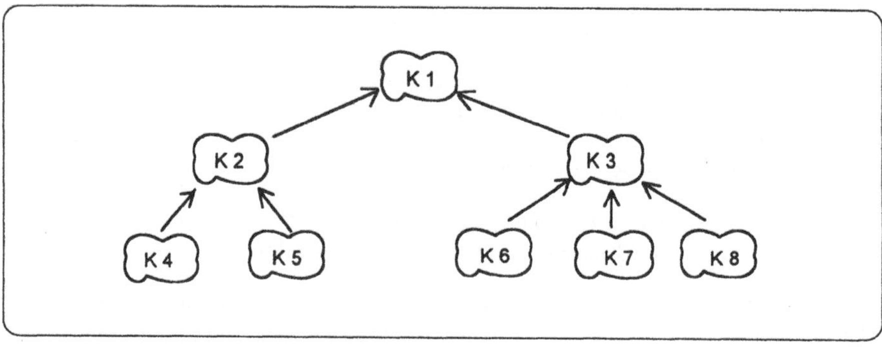

Abb. 31: Klassenhierarchie

Dabei sei an dieser Stelle nochmals darauf hingewiesen, daß wir in der objektorientierten Systementwicklung noch sehr weit von einer Norm entfernt sind. Ob es die Vorgehensweise oder Details wie z. B. die genannten graphischen Darstellungen sind - alles ist derzeit noch im Fluß. So schlagen verschiedene Autoren beliebig komplizierte Darstellungen der Klassenhierarchie vor. Unsere Darstellung der Abbildung 31 stellt gewissermaßen eine Minimalform dar, in der immerhin die Vererbungsrichtungen in einem gerichteten Graphen dargestellt werden. Andere Autoren wie z. B. Booch [Booch 91] reichern dieses Diagramm um weitere Details wie die Benutzung von Klassen an. Wir kommen darauf im Kapitel 6 zurück.

2.6.2 Wo liegt der Mehrwert?

Ist die Objektorientierung nun nichts als neuer Wein in alten Schläuchen? Vergleicht man das Grundkonzept der Kapselung mit dem abstrakten Datentyp, drängt sich dieser Eindruck auf. Schon die "normalen" Methoden höherer Programmiersprachen (solange sie über ein Modulkonzept verfügen) bieten eine hinreichend starke Möglichkeit der Kapselung von Daten- und Ablaufstrukturen. Man muß sie nur nutzen!

Der Mehrwert kommt allerdings mit den weiteren Konzepten der objektorientierten Programmierung. Die Vererbung von Klasseneigenschaften erlaubt einen natürlichen Aufbau von Software - nicht ohne Grund werden in vielen Lehrbüchern zur objektorientierten Systementwicklung Analogien zur Natur hergestellt: der Aufbau von Organismen als Referenzmodell für die Softwareentwicklung. Je enger sich die Entwicklung eines Systems an der Realität orientieren kann, desto besser kann sie die Anforderungen dieser Realität erfüllen. Und: je allgemeiner und damit umfassender ein System beschrieben werden kann, desto besser kann es auf sich ändernde Umweltbedingungen reagieren. Der Aufwand, eine spezielle Funktion einem existierenden System hinzuzufügen, erscheint geringer, wenn es lediglich darum geht, Eigenschaften an wohldefinierten Positionen des Systems hinzuzufügen. In unserem Fall bedeutet dies, im Rahmen der Spezialisierung der Klassen eine Subklasse in der Klassenhierarchie an geeigneter Stelle einzufügen. Dies setzt die vorgestellten Grundkonzepte des Polymorphismus, der Vererbung und der virtuellen Methoden miteinander voraus.

Für unsere Aufgabenstellung, effiziente Datenstrukturen für möglichst viele Einsatzfelder zu finden, bedeutet das: Wir können Grundformen von Datenstrukturen losgelöst von ihrer Anwendung definieren. Sie sind dann universell einsetzbar. Insbesondere kann damit auch das Problem des abstrakten Datentyps aus Kapitel 2.5 gelöst werden, beliebige Komponenten in einer definierten Struktur "nachschieben" zu wollen. Und darin liegt nun doch ein erheblicher Mehrwert.

2.6.3 Was Topspeed-Modula bietet

Um es gleich zu sagen: die reine Lehre ist es nicht, was die Erfinder von Topspeed-Modula in ihr System an objektorientierten Features implementiert haben. Die vorliegende Implementation der Version 3.1 stellt einen ersten Anfang dar, mit dem die wesentlichen Grundkonzepte objektorientierter Programmierung erreicht werden können. Aber immerhin können wir dafür dankbar sein, daß sich überhaupt derartige Sprachmittel in der Implementation befinden - der Wirthsche Standard enthält (natürlich) noch keinerlei solche objektorientierte Konzepte. Topspeed-Modula bietet:

- **Kapselung**; wenn auch nicht im strengen Sinne, da alle Eigenschaften von Objekten außerhalb benutzbar sind (weder Komponenten noch Methoden können geschützt werden; lediglich über einige Klimmzüge mit Hilfe externer Module und lokaler Prozeduren lassen sich Objekte schützen; siehe hierzu die Anlage der Prozedur GetDelta in unserem Beispiel einer Grafikbibliothek in der Abbildung 34)

- **Vererbung**; Klassen in einem Modula-Programm lassen sich in einer Hierarchie anordnen und können hierbei Eigenschaften vererben. Dabei ist seit Version 3.0 von TopSpeed-Modula neben der Einfachvererbung auch die Mehrfachvererbung[19] möglich; die Klassen"hierarchie" kann also auch ein Netzwerk sein.

- **Polymorphismus/virtuelle Methoden**; als tragendes Konzept objektorientierter Programmierung ist in Topspeed-Modula sowohl die Anlage gleichbenannter, aber

[19] Der Wert der Mehrfachvererbung wird allerdings in der Regel maßlos überschätzt. Vielfach wird Vererbung anstelle von Nutzung gewählt (was von der Sache her näher läge). Als Beispiele siehe unsere Implementationen der Sequenz, Liste oder des Baumes in den folgenden Kapiteln; hier kommen wir mit der Einfachvererbung ohne besondere Anstrengungen aus!

inhaltsverschiedenener Methoden (Polymorphismus) als auch die Definition virtueller Methoden möglich. Eine syntaktische Einschränkung liegt darin, daß virtuelle Methoden bereits in der Superklasse vordefiniert werden müssen (wenn auch z. B. völlig ohne Programmcode).

Doch zunächst wollen wir uns ansehen, wie man mit den Sprachmitteln von TopSpeed-Modula eine einfache Klasse definiert. Wir greifen hierzu auf das Klassenformular der Abbildung 30 zurück und implementieren die Klasse "NatuerlicheZahl" (Abbildung 30):

```
CLASS NatuerlicheZahl;
   Wert : CARDINAL;

   PROCEDURE Get ():CARDINAL;
   PROCEDURE Set (W:CARDINAL);
   PROCEDURE Inc;
   PROCEDURE Dec;
   PROCEDURE Add (Zahl:NatuerlicheZahl);
END NatuerlicheZahl;

CLASS IMPLEMENTATION NatuerlicheZahl;
   PROCEDURE Get ():CARDINAL;
    BEGIN RETURN Wert END Get;

   PROCEDURE Set (W:CARDINAL);
   BEGIN Wert := W END Set;

   PROCEDURE Inc;
   BEGIN Set (Get ()+1) END Inc;

   PROCEDURE Dec;
   BEGIN Set (Get ()-1) END Dec;

   PROCEDURE Add (Zahl:NatuerlicheZahl);
   BEGIN
       IF Zahl.Get () > 0
           THEN Inc; Zahl.Dec; Add (Zahl)
           ELSE
       END
   END Add;
END NatuerlicheZahl;
```

Abb. 32: Implementation der Klasse "NatuerlicheZahl"

Interessant an dieser Implementation ist dreierlei:

- Jede Klasse besteht aus einem Definitions- und einem Implementationsteil (analog dem Modul; siehe Kapitel 2.5). Jeder Definitionsteil besteht aus folgender Strukturbeschreibung innerhalb des Deklarationsteils:

```
CLASS name;
   attribut1 : DT1;
   attribut2 : DT2;
   ...
   attributn : DTn;
   methode1;
   methode2;
   ...
   methoden;
END name;
```

Dabei sind alle Attribute $attribut_i$ lokal zu dieser Klasse definiert, aber (leider) nicht zugriffsgeschützt. Die Methoden $methode_i$ sind nur im Zusammenhang mit Objekten dieser Klasse benutzbar; sie sind eigentliche und Funktions-Prozeduren (auch mit Parametern; siehe Kapitel 2.3).

Ist die zu definierende Klasse Subklasse einer anderen Klasse; wird dies im Kopf der Klassendefinition angegeben:

```
CLASS name (superklasse1, ..., superklassen);
   ...
END name;
```

Der Implementationsteil der Klasse besteht in jedem Fall nur aus dem Programmcode der im Definitionsteil angeführten Methoden (keine Vererbungshinweise, keine Attributdefinitionen!):

```
CLASS IMPLEMENTATION name;
   methode1;
   BEGIN
     ....
   END methode1;
   ...
   methoden;
   BEGIN
     ...
   END methoden;
BEGIN
   StatementListe
END name;
```

- Der Zugriff auf den Wert von Instanzen[20] dieser Klasse in dem Beispiel erfolgt allein über die Methoden Get (lesender Zugriff) und Set (schreibender Zugriff). Selbst andere Methoden wie z.B. Inc und Dec greifen nicht unmittelbar auf das Attribut "Wert" zu, sondern benutzen die Methoden Get und Set. Für den Anwender gilt das dann natürlich in besonderem Maße, hier Disziplin zu zeigen (wenn sie schon von der Modula-Implementation nicht erzwungen wird ...)!
- In der StatementListe können z.B. Voreinstellungen der Attribute jedes Objekts dieser Klasse getroffen werden.

---

[20] "Instanz" ist lediglich ein anderer (wenn auch sehr gebräuchlicher) Name für Objekt.

- Eine Methode zu einer Klasse kann in ihrer Schnittstelle Parameter mit einem Klassen-Datentyp enthalten - auch ihrer eigenen Klasse. Zur Unterscheidung der einzelnen Instanzen muß dann der Parametername herhalten (siehe hierzu die Methode Add mit dem Parameter "Zahl" und dem Methodenaufruf "Zahl.Dec" in der Abbildung 32).

Mit dieser Klassendefinition aus Abbildung 32 können wir nun Objekte generieren. Modula-2 läßt uns hierfür die Wahl:

- wir können statische Variablen benutzen, die vom Typ der entsprechenden Klasse sind.

  Beispiel: `EineZahl, NochNeZahl : NatuerlicheZahl`

- oder: wir können dynamische Strukturen anlegen.

  Beispiel:
```
TYPE ZahlPointerTyp = POINTER TO NatuerlicheZahl;
VAR  ZahlPointer     : ZahlPointerTyp;
BEGIN
        NEW (ZahlPointer)
```

Und wo bleibt die Vererbung, wo sind virtuelle Methoden, wo die Polymorphie? Nachdem wir uns anhand eines einfachen Beispiels das Grundsätzliche angesehen haben, können wir uns nun endlich den wesentlichen Beweggründen zum Einsatz objektorientierter Techniken widmen. Mit diesen Mitteln läßt sich so z. B. sehr elegant ein Graphiksystem erweitern, das zweidimensionale graphische Objekte auf dem Bildschirm bewegen kann (Anregung und technische Realisierung gehen zurück auf [Borland 89]). Dieses Graphiksystem umfaßt in seiner Grundausstattung zwei Klassen:

- "Ort" mit den Attributen X,Y vom Datentyp CARDINAL zur Bestimmung der Koordinaten auf dem Bildschirm und den Methoden "Init" zum Festlegen eines Ortes im Koordinatensystem und den Methoden "GetX" und "GetY" zum Abfragen der Koordinaten.

- Klasse "Punkt" mit dem Attribut "Sichtbar" vom Datentyp BOOLEAN und den Methoden "Init" zur wertmäßigen Initialisierung eines Punktes (hier wird noch nicht gezeichnet), "Zeichnen" zum Zeichnen des Punktes, "Löschen" zum Löschen des Punktes, "Bewegen" zum Bewegen des Punktes an eine neue Position sowie "Ziehen" zum kontinuierlichen (wirklich?) Ziehen eines Punktes über den Bildschirm. Die Methode "GetDelta" zum Erkennen der Bewegungsrichtung aufgrund von Benutzeranforderungen ist als verborgene, private Methode lediglich im Implementationsmodul implementiert.

Die Klasse "Punkt" ist dabei Subklasse von "Ort". Soweit das Graphik-Grundsystem; es ist von vornherein mit Blick auf eine allgemeine Verwendung in einem externen Modul untergebracht[21] (Abbildung 33).

Auch in diesem Beispiel sind wiederum zwei Dinge besonders interessant:

---

[21] Nicht nur aus diesem edlen Grund haben wir das getan. Weil sich in TopSpeed-Modula keine Methoden als privat (und damit für den Benutzer nicht zugriffsfähig) definieren lassen, kann man sie nur über den Umweg einer lokalen Prozedur in einem Implementationsmodul "privatisieren".

- Die Vererbungshierarchie ist in der Programmquelle nur aufgrund der geklammerten Anfügung in der Kopfzeile der Klassendefinition zu erkennen (nur unverbesserliche Optimisten hätten hier auch eine graphische Unterstützung erwartet...).
- Die Methoden "Zeichne" und "Loesche" sind virtuelle Methoden; sie werden durch das Schlüsselwort "VIRTUAL" gekennzeichnet. Dies garantiert, daß bei der Ausführung einer ererbten Methode (hier: "ZieheSchleife") dennoch die speziellen, redefinierten Methoden der Subklasse verwendet werden.

```
DEFINITION MODULE GraphObj;
TYPE
 CLASS Ort;
  X,Y : CARDINAL;
  PROCEDURE Init(InitX, InitY : CARDINAL);
  PROCEDURE GetX (): CARDINAL;
  PROCEDURE GetY (): CARDINAL;
 END Ort;

 CLASS Punkt (Ort)                      (* <---- Punkt ist damit Subklasse von Ort! *)
  Sichtbar : BOOLEAN;
  PROCEDURE Init(InitX, InitY : CARDINAL);
  VIRTUAL PROCEDURE Zeichne;             (* <---  hier steckt ohne Zweifel der Clou! *)
  VIRTUAL  PROCEDURE Loesche;
  PROCEDURE Ziehenach(NewX, NewY : CARDINAL);
  PROCEDURE Zieheschleife(Zugdelta : CARDINAL);
 END Punkt;

END GraphObj.
```

Abb. 33: Definitionsmodul: Graphik-Klassen-Bibliothek

Zu diesem Definitionsmodul gehört natürlich auch ein passendes Implementationsmodul (Abbildung 34):

```
IMPLEMENTATION MODULE GraphObj;
IMPORT  Graph, IO;
TYPE DeltaTyp = [-1..+1];

PROCEDURE GetDelta(VAR DeltaX : DeltaTyp; VAR DeltaY : DeltaTyp) : BOOLEAN;
   (* ... hier haben wir den Quellcode ausgeblendet (siehe Diskettenversion) *)
 END GetDelta;

CLASS IMPLEMENTATION Ort;
  PROCEDURE Init(InitX, InitY : CARDINAL);
  BEGIN
       X := InitX; Y := InitY;
  END Init;

  PROCEDURE GetX () : CARDINAL;
  BEGIN  RETURN X;
  END GetX;
```

```
    PROCEDURE GetY (): CARDINAL;
      BEGIN RETURN Y;
      END GetY;

    END Class Ort;

    CLASS IMPLEMENTATION Punkt;
      PROCEDURE Init (InitX, InitY : CARDINAL);
      BEGIN
           Graph.GraphMode;  Ort.Init(InitX, InitY); Sichtbar := FALSE;
       END Init;

      VIRTUAL PROCEDURE Zeichne;
      BEGIN
           Sichtbar:= TRUE; Graph.Plot(X, Y, 7);
      END Zeichne;

      VIRTUAL PROCEDURE Loesche;
      BEGIN
           Sichtbar := FALSE; Graph.Plot (X, Y, 0);
      END Loesche;

      PROCEDURE ZieheNach (NewX, NewY : CARDINAL);
      BEGIN
           Loesche;  X := NewX; Y := NewY; Zeichne;
      END ZieheNach;

      PROCEDURE ZieheSchleife (ZugDelta: CARDINAL);
           (* und hier haben wir den Quellcode ausgeblendet ; siehe Diskettenversion *)
      END Zieheschleife;

   END Punkt;

END GraphObj.
```

Abb. 34: Implementationsmodul Graphik-Klassen-Bibliothek

Will man nun einzelne Punkte über den Bildschirm fahren lassen, so hält sich der Aufwand für den Programmierer durchaus in Grenzen (siehe Abbildung 35).

```
MODULE PunktHP;
IMPORT GraphObj, Graph;
VAR EinPunkt : GraphObj.Punkt;
BEGIN
  EinPunkt.Init(150, 150);
  EinPunkt.Zieheschleife (5)
 END PunktHP.
```

Abb. 35: Hauptprogramm PunktHP

Etwas mehr Aufwand hat man zu treiben, wenn man dasselbe mit komplexeren graphischen Objekten tun will, so z.B. mit einem LKW. Was ist hier zu tun? Wir haben eine neue

Subklasse LKW zu definieren mit neuen Attributen wie z. B. Länge, Höhe, Farbe des Chassis, Farbe der Räder sowie - wenige - neue, spezielle Methoden für den LKW:

- "Init" zur Initialisierung der Werte dieser hinzugefügten Attribute
- "Zeichnen" zur Darstellung des LKW auf dem Bildschirm und
- "Löschen" zum Löschen des LKW vom Bildschirm.

Nicht programmieren jedoch müssen wir den gesamten Bewegungsmechanismus des LKW auf dem Bildschirm - dies haben wir bereits im Zusammenhang mit der Definition der Klasse "Punkt" vorgenommen. Da "Punkt" Superklasse zu "LKW" ist, vererben sich auch alle Eigenschaften von "Punkt" auf "LKW" (hier: die Methoden "Bewegen", "Get Delta" und "Ziehen"). Die neue Klassendefinition "LKW" sowie das modifizierte Hauptprogramm zur Bewegung eines LKW (anstelle eines Punktes) gerät damit einfach (Abbildung 36):

```
MODULE LKW;
(* Erweiterung der Graphischen Objekte in GraphObj um "Lkw" *)
IMPORT GraphObj, Graph;

TYPE
  CLASS Lkw  (GraphObj.Punkt)
    Laenge, Hoehe, ColorChassis, ColorRad : CARDINAL;

   PROCEDURE Init (InitX, InitY, InitLaenge, InitHoehe, InitColorChassis, InitColorRad
                          :CARDINAL);
   VIRTUAL PROCEDURE Zeichne;
   VIRTUAL PROCEDURE Loesche;
  END Lkw;

  CLASS IMPLEMENTATION Lkw ;
    PROCEDURE Init(InitX, InitY, InitLaenge, InitHoehe, InitColorChassis, InitColorRad
                                                                              :CARDINAL);
    BEGIN
      Punkt.Init (InitX, InitY);
      Laenge          := InitLaenge;
      Hoehe           := InitHoehe;
      ColorChassis := InitColorChassis;
      ColorRad        := InitColorRad;
    END Init;

    VIRTUAL PROCEDURE Zeichne;
    BEGIN
      Sichtbar    := TRUE;
      (* oberer Teil *)
      Graph.Rectangle (X+(Laenge DIV 5), Y,  X+Laenge, Y+Hoehe DIV 2, ColorChassis, TRUE);
      (* Fahrerfenster *)
     Graph.Rectangle (X+(Laenge DIV 5+5), Y+2, X+Laenge DIV 5*2, Y+Hoehe DIV 2-2, 0,TRUE);
      (* unterer Teil *)
      Graph.Rectangle (X, Y+Hoehe DIV 2, X+Laenge, Y+Hoehe, ColorChassis, TRUE);
      (* Auspuff"wolke" *)
```

```
      Graph.Rectangle (X+Laenge+2, Y+Hoehe-4, X+Laenge+4, Y+Hoehe-2, 15, TRUE);
      (* Räder *)
      Graph.TrueDisc  (X+Laenge DIV 5,      Y+Hoehe, Laenge DIV 10, ColorRad);
      Graph.TrueDisc  (X+Laenge DIV 5 * 4, Y+Hoehe, Laenge DIV 10, ColorRad);
  END Zeichne;

  VIRTUAL PROCEDURE Loesche;
   BEGIN
      Sichtbar := FALSE;
      Graph.Rectangle (X, Y, X+Laenge, Y+Hoehe, 0, TRUE);
      Graph.TrueDisc  (X+Laenge DIV 5,      Y+Hoehe, Laenge DIV 10, 0);
      Graph.TrueDisc  (X+Laenge DIV 5 * 4, Y+Hoehe, Laenge DIV 10, 0);
   END Loesche;
  END Lkw;

    VAR  EinLkw : Lkw;
    BEGIN
       EinLkw.Init (150, 150, 100, 30, 14, 14);
       EinLkw.Zieheschleife (5)
    END LKW.
```

Abb. 36: Neue Subklasse "Lkw" mit Hauptprogramm

Voraussetzung für die Funktionsfähigkeit dieses Algorithmus ist allerdings, daß die Methoden "Zeichne" und "Lösche" virtuell sind. Und so waren sie in der Klassenbibliothek "GraphObj" auch definiert[22].

Der geneigte Leser mag selbst einmal überlegen, welchen Aufwand er gehabt hätte, ein solches Graphiksystem zu programmieren, ohne objektorientierte Methoden einsetzen zu können ...

[22] Topspeed-Modula erwartet, daß zu einer als virtuell definierten Methode alle polymorphen Methoden in der Vererbungslinie auch wieder virtuell sind. Mehr noch: Alle betroffenen Methoden müssen dieselbe Schnittstelle aufweisen.

3 Lineare dynamische Strukturen

3.1 Einleitung

Wir sind bisher bei der Konstruktion von Datentypen bzw. Datenstrukturen davon ausgegangen, daß die Struktur bei ihrer Definition feststeht, vor allem hinsichtlich der Anzahl der Komponenten. So ist bei der Definition der fundamentalen Datentypen stets von einer endlichen Menge mit einer festen Anzahl von Komponenten die Rede; gekennzeichnet wird dies unter anderem durch die Möglichkeit, die Kardinalität des neuen konstruierten Typs explizit angeben zu können. In der Praxis sind jedoch bei weitem nicht alle benötigten Datenstrukturen vor Beginn einer Anwendung statisch festgelegt. Das klassische Beispiel hierzu stellt die Zusammenfassung von beliebig vielen Datensätzen zu einer Datei dar, wobei das wesentliche Kriterium hier die Veränderlichkeit der Struktur hinsichtlich der Anzahl der einzelnen Sätze ist.

Im den nächsten Abschnitten sollen die Definition und die Realisierung solcher Strukturen beschrieben werden. Zunächst wollen wir jedoch festhalten, was wir unter einer linearen dynamischen Struktur (Liste)[23] verstehen:

- es gibt genau ein Element ohne Vorgänger (Listenanfang)
- es gibt genau ein Element ohne Nachfolger (Listenende)
- alle übrigen Elemente haben genau einen Vorgänger und genau einen Nachfolger
- die Struktur ist bezüglich der Anzahl der Elemente dynamisch veränderbar

Zur Darstellung einer solchen Struktur haben sich in der Praxis zwei unterschiedliche Möglichkeiten durchgesetzt:

- die sequentielle und logisch nicht verkettete Repräsentation in Form einer sogenannten **Sequenz** und
- die verkettete Repräsentanz in Form einer **verketteten Liste**.

3.2 Sequenzen

3.2.1 Definition

Bereits in den ersten prozeduralen Programmiersprachen wurde - wenn auch ohne systematische Definition - der Datentyp Datei verwendet, wobei der Begriff "Datei" mit unterschiedlicher Bedeutung benutzt wurde. Zur besseren Abgrenzung von dieser auch heute noch nicht einheitlich gebrauchten Vokabel wollen wir den entsprechenden Datentyp mit dem Wort "Sequenz" bezeichnen und geben dafür wegen der bereits angedeuteten Dynamik der Struktur eine rekursive Definition:

---

[23] In der Literatur wird hier häufig generell der Begriff "Liste" verwandt. Wir werden ihn - eingeschränkt - benutzen im Zusammenhang mit der verketteten Repräsentation, siehe Kapitel 3.3.

Definition: Ein Datentyp T' wird **Sequenz** (oder Dateityp) vom Grundtyp T genannt, wenn gilt: Der Wertebereich T' ist entweder leer oder eine Verknüpfung von T' mit einem Element vom Grundtyp T. Dabei stellt die Verknüpfung ein einfaches "Anhängen" des neuen Elements dar.

Der Wertebereich besteht also aus einer beliebig großen linearen Anordnung von Komponenten eines gemeinsamen Grundtyps, wobei sich die Komponentenanzahl dynamisch verändern kann (woraus sofort folgt, daß die Kardinalität von T' prinzipiell gleich "unendlich" ist).

Aus dieser Definition geht unmittelbar ein charakteristisches Merkmal einer Sequenz hervor. Da keine Identifikation der einzelnen Komponenten wie etwa bei einer Reihe oder einem Satz vorgesehen ist, muß der Zugriff auf ein gewünschtes Element über einen passenden Mechanismus geschehen: Die Komponente eines Datentyps Sequenz ist gegeben durch die aktuelle Position eines internen Komponentenzeigers, der mit Hilfe von entsprechenden Operationen verändert werden kann.

Beispiel:

T sei ein Datentyp ARRAY OF CHARACTER mit achtzig Zeichen, etwa eine Bildschirmzeile mit willkürlichem "Text".

Dann besteht die Sequenz T' aus einer beliebigen Anzahl solcher Textzeilen. Die aktuelle Anzahl Komponenten für eine Datenstruktur vom Typ T' resultiert aus den bei der Ausführung eines Programms mit einer speziellen Aufgabenstellung sich ergebenden Operationen. So wird etwa die Datenstruktur "Buch (vom Typ Sequenz)" durch eine Ausführung der Operation "Lesen einer Textzeile vom Bildschirm" dynamisch verändert, indem eine neue Textzeile an das bereits bestehende Objekt angehängt wird.

Wie wir bereits durch unser Beispiel gezeigt haben, besteht die hauptsächliche Verwendung des Datentyps Sequenz in der Übertragung von Datenströmen[24] von bzw. zu peripheren Speichermedien. Der Grund dafür ist darin zu sehen, daß der bereits angesprochene Zugriffsmechanismus in diesem Fall besonders einfach zu realisieren ist, handelt es sich hierbei ja um einen einfachen Reihenfolge-Zugriff. In der Regel wird diese Tatsache auch bei der Beschreibung der Eigenschaften berücksichtigt.

Fassen wir damit die wesentlichen Charakteristika einer Sequenz zusammen:

- Die Sequenz stellt eine dynamische Struktur dar.
- Die Struktur ist homogen, der Komponententyp ist im allgemeinen beliebig.
- In der Regel können die Komponenten nur über einen sequentiellen Zugriff angesprochen werden .
- Eine einzelne Komponente ist nur dann verfügbar, wenn die aktuelle Position des Zugriffsmechanismus auf sie verweist.
- Die Operationen, die den Zugriffsmechanismus beeinflussen, orientieren sich an den aus der Anwendung abgeleiteten Prozessen; es sind dies im wesentlichen das

[24] N. Wirth [Wirth 88] spricht im Zusammenhang mit der Ein- und Ausgabe von der Datenstruktur "stream".

"Erstellen" eines Objekts, das "Anhängen" einer Komponenten sowie das "Lesen" der Komponenten im Reihenfolge-Zugriff.

3.2.2 Modula-Realisierung und Standardoperationen

Seither haben wir bei der "Konstruktion" von strukturierten Datentypen in Modula-2 explizit einen Typkonstruktor angeben können. Für den Datentyp Sequenz entfällt dies; im Gegensatz zu anderen Programmiersprachen (wie etwa bei Pascal[25]) wird eine Sequenz hier als abstrakte Datenstruktur ohne Kennzeichnung des Komponententyps eingeführt. Die Realisierung des Datentyps, besser der entsprechenden Objekte, orientiert sich also in Modula-2 am Modulkonzept und der Möglichkeit der Datenkapselung. Jedes Objekt vom Typ Sequenz ist, wie wir erläutert haben, vom Zugriffsmechanismus und den damit einhergehenden Zugriffsoperationen abhängig, und damit letztendlich auch von dem bei der konkreten Anwendung zur Verfügung stehenden System. Dies fordert nun gerade das Konzept der Datenkapselung heraus, da hier Objekte nur über Zugriffsalgorithmen verarbeitet werden können und die konkrete Implementierung dieser Algorithmen dem Benutzer verborgen bleibt. Mehr noch: eine objektorientierte Implementierung (und Nutzung) von Sequenzen drängt sich geradezu auf!

Doch zunächst zu dem, was TopSpeed Modula von sich aus bietet. Es bietet in der Modulbibliothek einen Standardmodul an, der für die Verarbeitung von solchen Sequenz-Objekten zuständig ist.[26] Die den jeweiligen Zugriffsoperationen zugeordneten Prozeduren werden also im DEFINITION MODULE dieses äußeren Moduls wie üblich über ihre Prozedurköpfe bekannt gemacht und in dem zugehörigen IMPLEMENTATION MODULE im Detail beschrieben. Damit innerhalb einer Anwendung mehrere Objekte vom Typ Sequenz angesprochen werden können, wird im Schnittstellenbereich ein Datentyp

```
FILE
```

eingeführt, der es gestattet, kennzeichnende Attribute für ein bestimmtes Objekt zu speichern. Im einfachsten Fall - zum Beispiel auch im Entwicklungssystem "TopSpeed[R] Modula-2" - besteht sein Wertebereich aus positiven, ganzen Zahlen (also: FILE = CARDINAL), die als logische Nummern den einzelnen Objekten zugeordnet werden.

Damit auch hier dem Benutzer ein möglichst hoher Abstraktionsgrad angeboten werden kann, erfolgt die tatsächliche Kennzeichnung eines Objekts vom Sequenztyp also mit Hilfe des importierten Datentyps FILE.

Zu klären bleibt das Problem, welcher Komponententyp T einer solchermaßen definierten Datenstruktur Sequenz zu Grunde liegt. Wie wir bereits angedeutet haben, kann eine Sequenz ohne Einführung des entsprechenden Komponententyps verarbeitet werden. Diese Verarbeitung hängt natürlich wieder von der Art der Aufgabenstellung ab, und so ist es auch vernünftig, für eine Anzahl von häufig auftretenden Objektkomponenten separate Standard-Zugriffsprozeduren bzw. separate Standardmoduln einzuführen. Als Beispiel nennen wir die

---

25 Pascal kennt die Typdefinition von Sequenzen als "FILE OF Komponententyp".

26 N. Wirth nennt in seinen Ausführungen zu Modula-2 diesen Modul FileSystem, wir werden anschließend im Beispiel die entsprechende Bezeichnung aus dem TopSpeed-System übernehmen.

üblichen Standardprozeduren zur Ein- und Ausgabe von INTEGER-Werten, REAL-Zahlen oder auch CHARACTER-Objekten, die in einem externen Modul zur Bildschirmein- bzw. ausgabe zusammengefaßt sind.

Bevor wir das Arbeiten mit Objekten vom Typ Sequenz demonstrieren, wollen wir noch kurz auf die weiter oben bereits erwähnten Standardoperationen eingehen. Sie lassen sich unabhängig von der Implementierung im Einzelnen grob in drei Kategorien einteilen:

- organisatorische Operationen (z.B. Anlegen und Schließen)
- inhaltliche Operationen (z.B. Lesen und Schreiben)
- Positionierungsoperationen (z.B. Position angeben und Position verändern)

Dabei können die genannten Beispieloperationen wie folgt beschrieben werden:

- Unter **Anlegen** versteht man das Erzeugen eines leeren Objekts, mit **Schließen** wird in der Regel das Sichern und Abspeichern des entsprechenden Objekts benannt.

- Die Operation **Lesen** bedeutet die Übertragung des durch die aktuelle Position des Zugriffsmechanismus gegebenen Elements in eine Zielvariable, die Operation **Schreiben** bewirkt das Gegenteil, die Übertragung aus einer Quellvariablen in das Sequenzobjekt.

- **Positionsoperationen** bewirken die unmittelbare Übertragung bzw. Veränderung einer Speicheradresse, auf die sich der nächste Lese- oder Schreibvorgang beziehen soll. (Auf diese Weise läßt sich ein wahlfreier Zugriff bei einer im Prinzip sequentiell organisierten Datenstruktur simulieren.)

Gemeinsames Kriterium bei der Realisierung einer Datenstruktur Sequenz in Modula-2 ist ferner das Vorhandensein von mindestens zwei fest vereinbarten Sequenzvariablen: einmal zum Erkennen des Dateiendes (z.B. EOF) , zum anderen zur Registrierung der erfolgreichen oder erfolglosen Durchführung einer der zur Verfügung stehenden Operationen (z.B. IOresult). Gemeinsames kennzeichnendes Merkmal ist schließlich das Fehlen von Operationen wie Einfügen oder Entfernen von Elementen an beliebiger Stelle.

Wir zeigen nun an Hand eines einfachen Beispiels (Übernahme einer Datei von einem externen Medium und Ausgabe einzelner Merkmale auf dem Bildschirm) die Verwendung von Sequenzobjekten. Wegen der sehr unterschiedlich gehandhabten Verwendung der Modul- wie auch der Prozedurbezeichnungen verweisen wir hier ausdrücklich auf unsere Beispielumgebung, das Entwicklungssystem "TopSpeed[R] Modula-2 Version 3.1". Zunächst einmal definieren wir hierzu eine Klasse "Sequenz", die ihrerseits die Standardoperationen aus der Modula-Bibliothek verwendet (Abbildung 37):

```
DEFINITION MODULE SEQUENZ;
IMPORT FIO;

CLASS Element;
   VIRTUAL PROCEDURE Print;
END Element;

CLASS Sequenz;
  VAR SNr: FIO.File;
  PROCEDURE Open (N:ARRAY OF CHAR);
  PROCEDURE Create (N:ARRAY OF CHAR);
  PROCEDURE Close;
  PROCEDURE Reset;
  PROCEDURE Put (VAR E:Element);
  PROCEDURE Get (VAR E:Element);
  PROCEDURE EndOfSequenz () : BOOLEAN;
  PROCEDURE Browse (VAR E:Element);
END Sequenz;

END SEQUENZ.
```

Abb. 37: Klasse Sequenz (Definitionsmodul)

Besonders interessant an dieser Klassendefinition ist die Existenz einer Klasse Element. Sie dient gewissermaßen als Platzhalter für den tatsächlichen Komponententyp, der ja in einem abstrakten Datentyp Sequenz nichts zu suchen hat. Jeder konkrete Komponententyp kann dann als Subklasse von Element definiert werden - die Sequenz kann auch damit umgehen. Die Methoden Open, Create, Close, Reset, Put, Get und EndOfSequenz stellen übliche Operationen für Sequenzen dar; lediglich die Methode Browse ist neu in diesem Zusammenhang: Sie stellt eine Verarbeitungsschleife über alle Elemente der Sequenz zur Verfügung. Details auch hierzu werden mit einem Blick in das Implementationsmodul sichtbar (Abbildung 38):

```
IMPLEMENTATION MODULE SEQUENZ;
IMPORT FIO;

CLASS IMPLEMENTATION Element;
  VIRTUAL PROCEDURE Print;
  BEGIN
  END Print;
BEGIN END Element;

CLASS IMPLEMENTATION Sequenz;
  PROCEDURE Open (N:ARRAY OF CHAR);
  BEGIN
      SNr := FIO.Open (N)
  END Open;

  PROCEDURE Create (N:ARRAY OF CHAR);
  BEGIN
      SNr := FIO.Create (N)
  END Create;
```

```
PROCEDURE Close;
BEGIN
    FIO.Close (SNr)
END Close;

PROCEDURE Reset;
BEGIN
   FIO.Seek (SNr, 0)
END Reset;

PROCEDURE Put (VAR E:Element);
BEGIN
    FIO.WrBin (SNr, E, SIZE (E))
END Put;

PROCEDURE Get (VAR E:Element);
VAR Help : CARDINAL;
BEGIN
    Help := FIO.RdBin (SNr, E, SIZE(E))
END Get;

PROCEDURE EndOfSequenz () : BOOLEAN;
BEGIN
   RETURN FIO.EOF
END EndOfSequenz;

PROCEDURE Browse (VAR E:Element);
BEGIN
  Reset; Get (E);
  WHILE NOT EndOfSequenz () DO
      E.Print;
      Get (E)
   END
 END Browse;

BEGIN END Sequenz;

END SEQUENZ.
```

Abb. 38: Klasse Sequenz (Implementationsmodul)

Zu diesem Implementationsmodul ist einiges zu sagen:

- Der Dateizeiger SNr vom Datentyp FILE ist im Definitionsmodul definiert worden und ist damit - leider - auch von außen benutzbar. Keine Lösung wäre, ihn als globale Variable im Implementationsmodul zu definieren: jede Instanz der Klasse Sequenz würde dann denselben Dateizeiger benutzen!

- Die Methoden Open, Create, Close, Reset und EndOfSequenz stellen lediglich objektorientierte "Mäntel" über den normalen Standardprozeduren dar.

- Die Methoden Put und Get bieten da schon etwas mehr: sie verstecken die ziemlich unhandlichen (und damit unsicheren) Prozeduren RdBin und WrBin (byte-weises Lesen und Schreiben auf Sequenzen) vor dem Benutzer. Hier offenbart sich auch der wesentliche Stolperstein einer objektorientierten Implementation (in Modula-2): Die Prozeduren RdBin und WrBin benötigen eine Längenangabe der zu verarbeitenden Komponente. Da diese Länge aber noch gar nicht bekannt sein kann, muß sie aufgrund des aktuell übergebenen Datentyps zur Laufzeit ermittelt werden. Dazu dient der Aufruf der Funktion SIZE (E)[27]. Es sieht zugegebenermaßen nicht besonders elegant aus, den Komponententyp als Parameter (und dann auch noch als Referenzparameter!) übergeben zu müssen. Aber es war schon immer problematisch, eine existierende Programmiersprache um ein völlig neues und nicht ganz verträgliches Paradigma zu erweitern ...

- Die Methode Browse verwendet ihrerseits intensiv Methoden ihrer eigenen Klasse (Reset, Get, EndOfSequenz) und - was vielleicht das wichtigste ist - die virtuelle Methode Print der Klasse des Parameters E. Sie ist eine allgemein funktionierende Methode zur Verarbeitung aller Komponenten einer Sequenz - die Komponentenklasse muß lediglich eine spezielle Methode Print anbieten[28]. Tut sie das nicht, passiert auch nichts Schlimmes[29]; schließlich kennt die Superklasse Element bereits eine Methode Print, die in einem solchen Fall angewandt wird.

- Probleme stellen sich ein, wenn wir eine Text-Sequenz implementieren wollen. Da Instanzen dieser Subklasse (wie z.B. Briefe oder Quellprogramme) nur die "Nettoinformation" haben dürfen, müssen wir die in den ersten Bytes einer jeden Instanz der Subklasse von Element gespeicherten Verwaltungsinformation ausblenden. Hier sind die Methoden Get und Put innerhalb von Sequenz geeignet zu modifizieren (siehe Diskettenbeilage). Als andere, weniger konsequente Lösung wäre die Definition einer Subklasse TextSequenz mit neuen, speziellen Methoden Get und Put vorstellbar.

Wenden wir uns nach so vielen Bemerkungen endlich einer Anwendung der Klasse Sequenz zu.

Beispiel:

In einer Sequenz sollen Name, Vorname und Alter einer beliebigen Zahl von Personen gespeichert werden. Der Einfachheit halber sollen die Daten im Programm unmittelbar zugewiesen werden (keine Eingabe von Tastatur) und mithilfe der Methode Browse ausgegeben werden. Der Komponententyp wird als eine Subklasse NamenElement zu Element definiert, in ihr schaffen wir neben der redefinierten, virtuellen Methode Print auch eine Methode Set zur Besetzung der Attributwerte eines Objektes dieser Klasse (siehe Abbildung 39):

---

27 Das erscheint nicht ganz schlüssig. Aber: Da Get und Put auf Objekten jeder Subklasse von Element angewendet werden können, kann hier als Parameter jede Subklasse angegeben werden. So kommt seinerseits z.B. RdBin zur richtigen Längenangabe!

28 Ob diese Methode nun genau das tut, was ihr Name aussagt, ist letztlich gleichgültig. Sie könnte z.B. auch nur zählen, aus wievielen Komponenten eine Sequenz besteht. (Damit fodern wir natürlich nicht dazu auf, solch einen Namens-Mißbrauch zu begehen ...)

29 Nämlich genau NICHTS.

```
MODULE SequenzAnwendung;
FROM IO IMPORT WrStr, WrCard, WrLn;
FROM SEQUENZ IMPORT Element, Sequenz;
TYPE String = ARRAY [0..20] OF CHAR;
       Zahl   = [0..100];

CLASS NamenElement (Element);
  Name, Vorname : String;
  Alter  : Zahl;
  VIRTUAL PROCEDURE Print;
  PROCEDURE Set (N,V: String; A:Zahl);
 END NamenElement;

CLASS IMPLEMENTATION NamenElement;
  VIRTUAL PROCEDURE Print;
  BEGIN
      WrStr (Vorname); WrStr (" ");
      WrStr (Name);     WrStr (": ");
      WrCard (Alter,1);  WrStr (" Jahre alt");  WrLn
  END Print;

  PROCEDURE Set (N,V:String; A:Zahl);
  BEGIN
     Name := N;
     Vorname := V;
     Alter   := A
  END Set;
 BEGIN END NamenElement;

VAR  EineNamenSequenz : Sequenz;
       Name                   : NamenElement;

BEGIN   WITH EineNamenSequenz DO
              Create ("ErbsName.n");
              Name.Set ("Erbs", "Nicolai", 9);              Put (Name);
              Name.Set ("Erbs", "Alexandra", 12);         Put (Name);
              Name.Set ("Hoyer-Erbs", "Annette", 38); Put (Name);
              Name.Set ("Erbs", "Heinz-Erich", 41);      Put (Name);

              Browse (Name);

              Close
         END (* With *);
END SequenzAnwendung.
```

Abb. 39: Anwendung einer Sequenz

Niemand ist gezwungen, die Methode Browse anzuwenden. Ebensogut kann man zur Lösung der Aufgabe "Alle Komponenten am Bildschirm anzeigen" auf die Basismethoden zurückgreifen. Nur hat man dazu wesentlich mehr Arbeit (Abbildung 40):

```
Reset;
Get (Name);
WHILE NOT EndOfSequenz () DO
    Name.Print;
    Get (Name)
END;
```

Abb. 40: Sequenz: Eigene Schleife statt Browse

In einem Übersichtsdiagramm stellt sich der Zusammenhang zwischen der Klasse Sequenz und der Anwendung so dar (Abbildung 41):

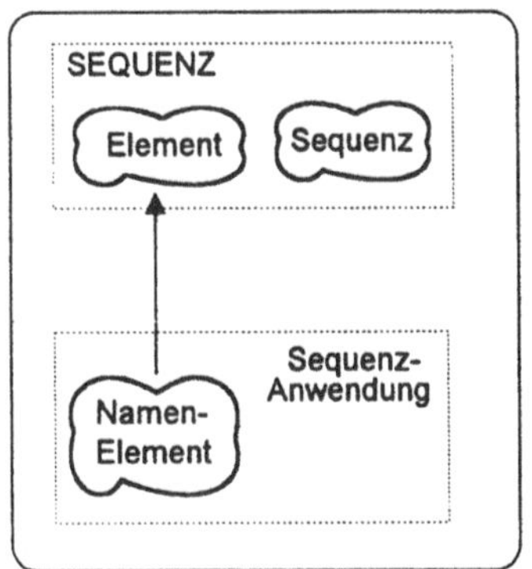

Abb. 41: Klassenübersicht Sequenz

3.2.3 Anwendung: Sortieren mit Sequenzen

Im Kapitel 2.4 sind Sortierverfahren als Anwendung der Reihenstruktur behandelt worden; einige dieser Methoden lassen sich - wie im Abschnitt über verkettete Listen kurz angesprochen wird - auch auf allgemeine lineare Strukturen übertragen. Bei der Sequenz müssen wir jedoch bedenken, daß hier per Definition kein Zugriff auf die Komponenten möglich ist, es sei denn, wir durchlaufen für jeden Zugriff die Folge von Anfang an. Dies bedeutet, daß hier die oben erwähnten Verfahren nicht effizient durchgeführt werden können.

Hingegen gibt es bereits seit den Anfängen der Datenverarbeitung eine - ursprünglich speziell für externes Sortieren mit Magnetbandspeichern entwickelte - Strategie, wie man ohne Benutzung des Zugriffs auf beliebige Komponenten sinnvoll sortieren kann. Dieses unter dem Namen Mergesort bekannte Verfahren ist wegen der rein sequentiellen Vorgehensweise geeignet für Sequenzstrukturen. Es existiert in vielen Varianten und ist in der Literatur sehr ausführlich diskutiert worden, siehe z.B. [Ottmann 90].

Wir beschränken uns hier auf die einfachste Version, den sogenannten "reinen 2-Wege-Mischsort", und geben dazu zunächst die Idee und anschließend eine MODULA-2 - Realisierung an.

Mergesort bedeutet "Sortieren durch Mischen"; der Grundgedanke beim 2-Wege-Mischsort ist, daß zwei vorsortierte Folgen zu einer einzigen sortierten Folge zusammengemischt werden. Die erforderlichen Schritte dazu lassen sich wie folgt beschreiben:

1. Elemente werden paarweise verglichen und geordnet.
2. Paare werden zusammengemischt, sodaß geordnete Viererfolgen entstehen.
3. Die entstandenen Quadrupel werden zusammengemischt, sodaß geordnete Achterfolgen entstehen .

usw.

Selbstverständlich muß dazu die Ausgangsfolge jeweils in die entsprechenden Teilfolgen zerlegt werden. Zum Ablauf siehe Abbildung 42:

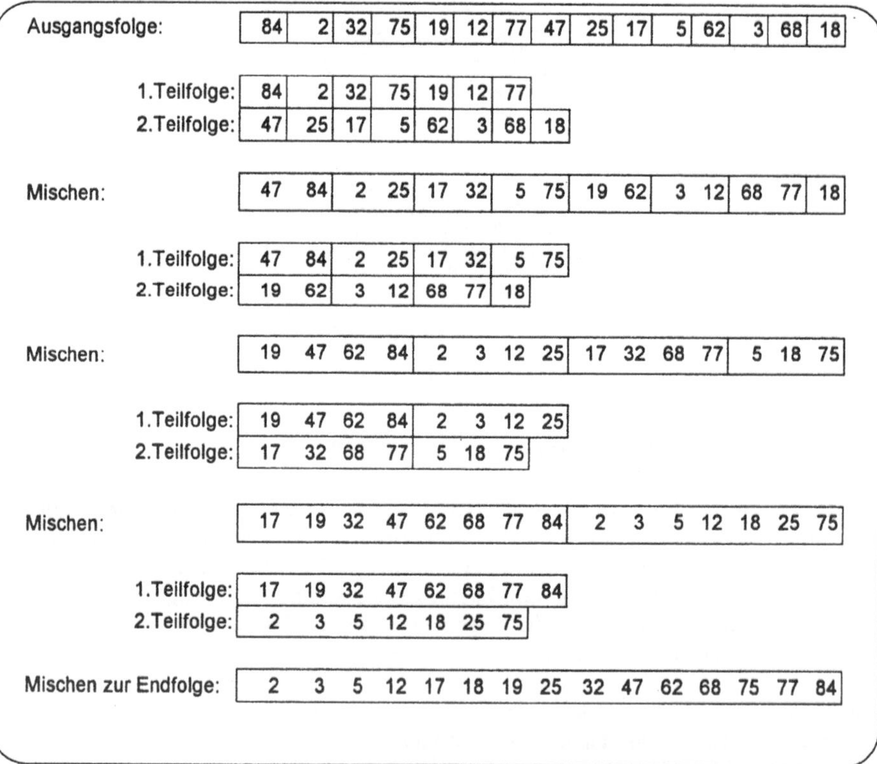

Abb. 42: Ablaufbeispiel beim 2-Wege-Mischsort

Der im folgenden skizzierte iterativ geführte Algorithmus zeigt die Vorteile der Methode im Zusammenhang mit sequentiellen Strukturen. Wir beschränken uns dabei auf die wesentlichen Ablaufstrukturen, um die Methode besser verständlich machen zu können (Abbildung 43):

```
PROCEDURE MERGE (VAR a: Sequenz; l,m,r: CARDINAL);
(* Prozedur zum Mischen zweier Sequenzhälften.
 Es werden zwei zusätzliche Strukturen vom Typ Sequenz
 benötigt.
 Die verwendeten Prozeduren haben folgende Bedeutung:
 Aufteilen:  Es werden die Komponenten der Folge a von
           l bis m  auf die Folge b und diejenigen von
           m bis r  auf die Folge c aufgeteilt.
 Uebertrage: Es wird das gerade anstehende Element der
           1. Folge auf die 2. Folge übertragen.
 Rest      : Der Rest der Folge 1 (bis eof) wird auf die
           Folge 2 übertragen.
 Zum Vergleich werden aus den Komponenten der beiden
 Folgen die jeweiligen Schlüsselwerte herangezogen. *)

VAR  b,c    : Sequenz;

BEGIN
     Aufteilen(a,l,m,b);
     Aufteilen(a,m,r,c);
     WHILE NOT (eof(b) OR eof(c)) DO
       IF b.Schluessel <= c.Schluessel
               THEN Uebertrage(b,a)
               ELSE Uebertrage(c,a)
          END;
     END;
     Rest(b,a);
     Rest(c,a);
END MERGE;

PROCEDURE FOLGENSORT (VAR a: Sequenz; l,r: CARDINAL);
VAR  laenge,i,j,k: CARDINAL;
BEGIN
     laenge:= 1;
     WHILE laenge < r - l + 1 DO
       k:= l - 1;
       WHILE k + laenge < r DO
         i:= k + 1;
         j:= i + laenge - 1;
           IF j + laenge <= r
                THEN k:= j + laenge
                ELSE k:= r
           END;
         MERGE (a, i, j, k)
       END;
       laenge := 2 * laenge
     END;
END FOLGENSORT;
```

Abb. 43: 2-Wege-Mischsort (iterative Lösung)

Die obige Beschreibung führt in natürlicher Weise zu einer rekursiven Realisierung nach dem divide-and-conquer - Prinzip, das in fast der gleichen Weise wie beim Quicksort angewandt wird. Allerdings läßt sich diese Darstellung sinnvoll nur bei einer Reihenstruktur verwenden; wir wollen sie hier ohne weitere Erklärungen als Modula-Prozedur zeigen (Abbildung 44):

```
PROCEDURE MERGE (VAR a: Reihe; l,m,r: CARDINAL);
(* Prozedur zum Mischen zweier Reihenhälften; es wird eine zusätzliche Daten-
struktur Reihe mit der gleichen Anzahl Komponenten benötigt *)
VAR b      : Reihe;
    h,i,j,k: CARDINAL;
BEGIN
    i:= l;
    j:= m+1;
    k:= l;
    WHILE (i <= m) AND (j <= r) DO
        IF a[i].Schluessel <= a[j].Schluessel
            THEN b[k] := a[i];
                 i := i+1
            ELSE b[k] := a[j];
                 j := j+1
     END;
     k := k+1
    END;
    IF i > m
        THEN FOR h:= j TO r DO b[k+h-j] := a[h]
        ELSE FOR h:= i TO m DO b[k+h-i] := a[h]
    END;
    FOR h:= l TO r DO a[h]:= b[h]
    END
END MERGE;

PROCEDURE MERGESORT (VAR a: Reihe; l,r: CARDINAL);
(* Prozedur zur Sortierung einer Reihe nach dem Mergesort- Verfahren *)
VAR m:CARDINAL;
BEGIN
    IF l < r THEN
      m:= (l+r) DIV 2;
        MERGESORT (a,l,m);
        MERGESORT (a,m+1,r);
        MERGE (a,l,m,r)
    END
END MERGESORT;
```

Abb. 44: 2-Wege-Mischsort (rekursive Lösung)

Die Komplexitätsbetrachtung führt zu ähnlich guten Ergebnissen, wie wir sie von den schnellen, indirekten Sortierverfahren bei Reihenstrukturen kennen. Sowohl für die Anzahl der Vergleiche wie auch für die Anzahl der Bewegungen gilt - und zwar unabhängig von der Verteilung der Komponenten - die asymptotische Komplexität : $O(n*\log_2 n)$.

3.3 Verkettete Repräsentationen

3.3.1 Zeigertyp

Die verkettete Repräsentation einer linearen dynamischen Struktur wird mit Hilfe von Zeigern dargestellt; wir wollen eine solche Darstellung im folgenden verkettete Liste oder auch verkürzt **Liste** nennen.

Jedes Listenelement umfaßt außer dem sogenannten "Datenteil" (dieser enthält die Informationen, die den eigentlichen Inhalt des Elements bilden) einen "Relationenteil", der den Hinweis (Verweis, Zeiger) auf das jeweils logisch nächste Listenelement liefert. Der Zusammenhang zwischen den einzelnen Komponenten der Liste wird durch Zeiger hergestellt (Abbildung 45):

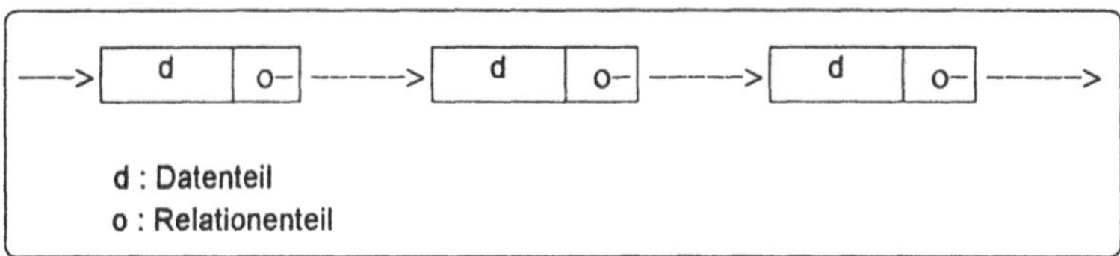

Abb. 45: Verkettete Liste

Datentyp Zeiger

Die zum Aufbau der verketteten Liste benötigten "Zeiger" stellen einen von den bisher definierten Datentypen abweichenden Wertebereich dar, der - bevor wir auf die Listendefinition bzw. Realisierung näher eingehen - hier eingeführt werden soll.

Definition: Sei T ein beliebiger Grundtyp. Dann definiert der Wertebereich aller Zeiger, die auf Werte vom Typ T verweisen, den **Zeigertyp** T'. Zum Wertebereich T' gehört eine Konstante, die auf *kein Element* vom Typ T verweist, sie wird üblicherweise mit der Vokabel NIL ("nichts") bezeichnet.

Die Notwendigkeit eines konstanten Wertes NIL ergibt sich aus dem oben angedeuteten Aufbau der verketteten Liste: das letzte Element einer solchen Liste beinhaltet ebenso wie alle anderen einen Relationenteil, der dort enthaltene Zeiger verweist aber (wohl definiert) auf "nichts", d.h. auf kein Folgeelement.

Ein Wert aus dem Wertebereich "Zeiger" ist vorstellbar als Speicherplatzadresse eines Objekts, auf das verwiesen werden soll. Wir betonen jedoch, daß diese "Adressen" abhängig sind von dem in der Definition enthaltenen Grundtyp T und bekräftigen dies durch die Bezeichnungsweise: der Typ T' ist an den Grundtyp T "gebunden" (im Gegensatz zu losen Adressen, wie sie etwa in der Assemblerprogrammierung verwendet werden). Diese "Bindung" bedeutet gleichzeitig, daß mit der Belegung einer Zeigervariablen (Variable vom Typ Zeiger, gebunden an den Grundtyp T) durch einen Wert implizit eine Variable vom Typ T gebildet wird, auf die die Zeigervariable hinweist. Wir sprechen dann von einer dadurch erzeugten **dynamischen**

Variablen. An dieser Stelle wird unmittelbar klar, daß mit Hilfe der angegebenen Konstruktion die gewünschte dynamische Struktur entsteht.

Die dynamischen Variablen sind durch folgende Eigenschaften charakterisiert:

- Im Gegensatz zu statischen Variablen, die vor der Ausführung eines Programms explizit vereinbart und damit festgelegt sind, werden dynamische Variable erst bei Bedarf erzeugt; festgelegt ist alleine der Typ (und zwar durch den Grundtyp der zugehörigen Zeigervariablen).
- Dynamische Variable werden in der Regel durch keinen expliziten (d.h. statischen) Namen charakterisiert.
- Für den Gültigkeitsbereich gilt: eine dynamische Variable existiert von ihrer Erzeugung bis zur expliziten Zerstörung bzw. bis zum Programmende.

Eine Variable z vom Typ Zeiger kann damit drei verschiedene Zustände annehmen:

- Sie ist zwar vereinbart, aber noch undefiniert.

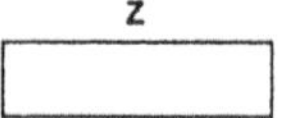

- Sie hat einen konkreten Wert, der auf die damit automatisch verbundene entsprechende dynamische Variable vom Typ T verweist.

- Sie zeigt auf kein Objekt, hat also den definierten Wert NIL.

z

o

(Die Kennzeichnung "Punkt ohne Pfeil" soll den Verweis auf NIL darstellen)

Bevor wir zur Syntax der Modula-2 - Darstellung kommen, geben wir noch ein praktisches Beispiel zur Verdeutlichung der Möglichkeiten, die durch das Zeigerkonzept und die damit verbundene Dynamik gegeben werden.

Beispiel:

Wir stellen uns vor, daß ein Autorenverzeichnis für eine Bibliothek modelliert werden soll mit den folgenden Randbedingungen: Das Verzeichnis enthalte beliebig viele Autoren (A_i), für jeden Autor soll eine beliebig lange Liste von Veröffentlichungen (V_i) geführt werden. Die inhaltlichen Bestandteile der einzelnen Komponenten werden zunächst vernachlässigt. Damit ergibt sich folgendes Bild (Abbildung 46; im nächsten Abschnitt wird dazu die entsprechende Datenstruktur gezeigt):

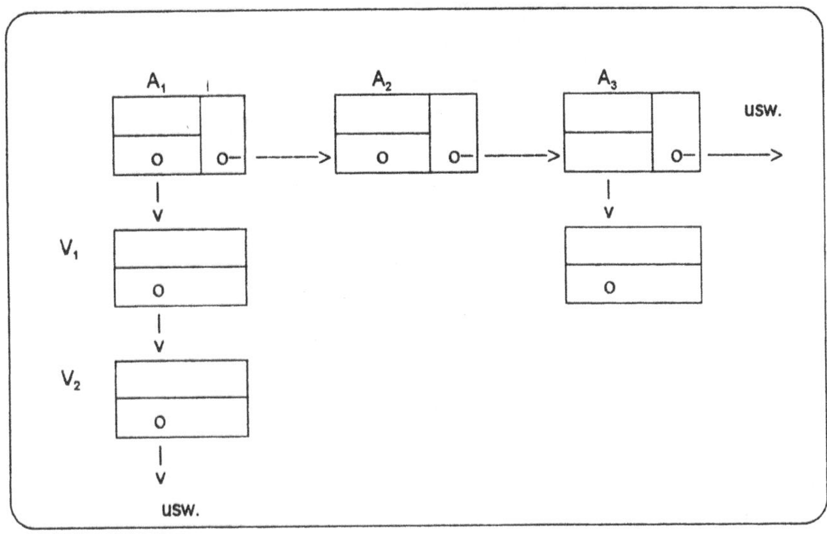

Abb. 46: Datenstruktur Autorenverzeichnis

Der Zeigertyp wird in Modula-2 durch das Sprachelement

```
POINTER TO T
```

eingeführt, wobei T den beliebigen Grundtyp darstellt. Mit einer wie üblich gestalteten Typdefinition lassen sich damit entsprechende Zeigervariable vereinbaren:

```
TYPE Zeiger      = POINTER TO Irgendein_Typ;
VAR  Z, U, V, W  : Zeiger;
```

Die an die Zeigervariablen gebundenen dynamischen Variablen werden durch eine spezielle Symbolik referiert:

Z^ bzw. U^ , V^ oder W^

Durch diese Bezeichnung wird verdeutlicht, daß eine dynamische Variable nur über eine zugehörige Zeigervariable zu erreichen ist.

Operationen mit Zeigervariablen

Die Grundoperationen Zuweisung und Vergleich lassen sich auch auf Zeigervariable anwenden:

- Die Wertzuweisung U := Z

  bedeutet, daß U nach dieser Zuweisung auf dieselbe dynamische Variable wie Z verweist (siehe Abbildung 47):

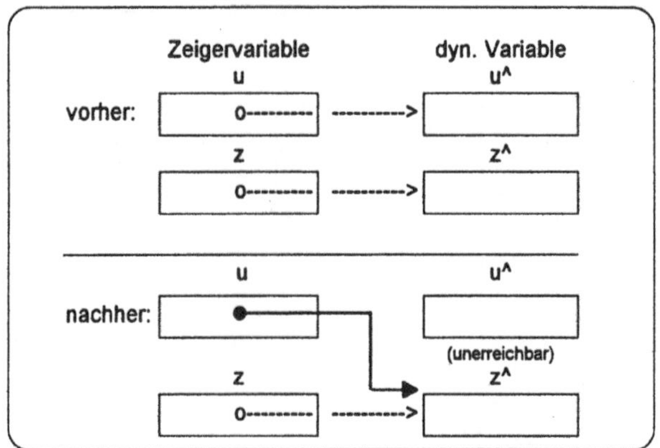

Abb. 47: Zwei Zeiger zeigen auf dasselbe Objekt

- Innerhalb eines Vergleichs

  U = V (oder auch U <> V)

  wird festgestellt, ob die beiden Zeiger auf dieselbe dynamische Variable verweisen.

Die in der Definition bereits erwähnte Konstante NIL wird genau in dieser Schreibweise in Modula-2 benutzt. Die Wertzuweisung

Z := NIL

bedeutet also eine Definition der Variablen Z durch den Verweis auf "Nichts". Eine häufige Verwendung findet die Konstante NIL in dem Vergleich

Z = NIL (bzw. Z <> NIL)

durch den festgestellt werden kann, ob in einer verketteten Struktur noch ein weiteres Element existiert.

Eine entscheidende Operation stellt das Erzeugen von dynamischen Variablen mit Hilfe von Zeigervariablen dar. Modula-2 kennt hierfür die Zuteilungsprozedur

ALLOCATE (p_1, p_2),

die aus demjenigen Modul importiert werden muß, der für die Speicherplatzverwaltung zuständig ist[30]. Der Parameter p_1 steht für die erzeugende Zeigervariable. Mit p_2 wird der für die dynamische Variable benötigte Speicherplatz angegeben; dies kann z.B. mit Hilfe der Funktion SIZE(T) geschehen, wobei T der "angebundene" Grundtyp der Zeigervariablen ist. (Im Fall, daß der Grundtyp T einen varianten Record darstellt, läßt sich die Speicherplatzvergabe in Abhängigkeit von der Varianz gestalten: durch die Funktion VSIZE(T,v_1,v_2,...) mit konstanten Werten v_1, v_2, usw. für die entsprechenden Schalterkomponenten im varianten Record wird der jeweils benötigte Platz zur Verfügung gestellt.)

---

30 In TopSpeed Modula-2 lautet dieser Modul: Storage

Beispiel

```
TYPE  Komplex = RECORD
                    real : REAL;
                    imag : REAL
                 END;
      Zeiger  = POINTER TO Komplex;
VAR   Z : Zeiger;
```

Mit diesen Typdefinitionen und der Variablenvereinbarung kann innerhalb eines Programmablaufs durch den Prozeduraufruf

```
ALLOCATE(Z, TSIZE(Komplex));
```

eine dynamische Variable vom Typ Komplex erzeugt werden.

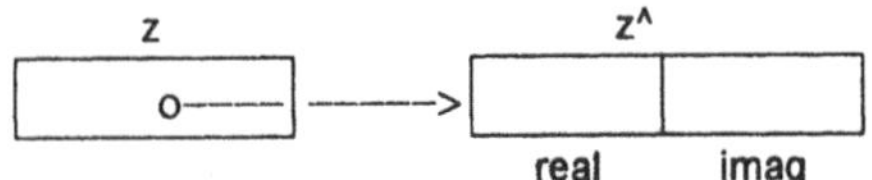

Eine Wertzuweisung für diese Variable erfolgt dann zum Beispiel durch:

```
Z^.real  := 12.34;
Z^.imag := 76.54;
```

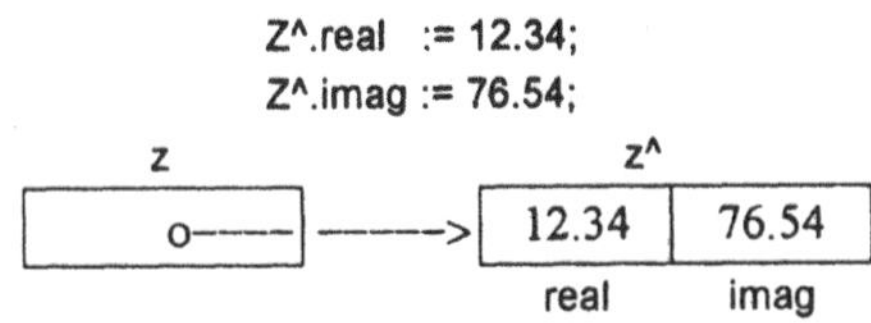

Wir weisen noch darauf hin, daß an Stelle von ALLOCATE in vielen Modula-2 - Systemen die vereinfachende Prozedur

NEW(p1) bzw.
NEW(p1,v1,v2,...)

benutzt werden kann, allerdings ist auch hier ein Import von ALLOCATE notwendig.

Die zu den erwähnten Prozeduren ALLOCATE bzw. NEW adäquaten Prozeduren zum Löschen ("Zerstören") von dynamischen Variablen lauten unter den gleichen Einschränkungen und mit den gleichen Parametern

DEALLOCATE bzw. DISPOSE .

3.3.2 Verkettete Listen

Unter Berücksichtigung des Datentyps Zeiger kann nun die Definition der dynamischen Struktur "Liste" vorgenommen werden; wir gehen dabei vor wie bei der Definition der Sequenz, indem wir die Dynamik rekursiv beschreiben.

Definition: Sei T" ein Grundtyp, der dem Datenteil eines Listenelementes zugeordnet ist. Sei ferner T' ein Zeigertyp, der dem Relationsteil dieses Elementes zugeordnet ist. Dann wird mit Hilfe des Satztyps T und des Zeigertyps T', der an T gebunden ist, eine **verkettete Liste** definiert.

T' = Zeiger vom Typ T
T = Satz mit den Komponenten
datenteil : T"
relationenteil: T' (gebunden an T)

Die verkettete Liste wird also genauer gesagt durch ein Paar von zwei schon bekannten Datentypen beschrieben: Jedes Listenelement wird durch einen Satz repräsentiert, die Verkettung erfolgt dadurch, daß der Zeigertyp des Relationenteils an den Satztyp des Elements gebunden ist.

Diese rekursive Datentypdefinition bzw. die entsprechende rekursive Datenstruktur muß wie jede rekursive Bestimmung ein nicht-rekursives Ende besitzen: es ist in unserem Fall gegeben durch den konstanten Wert NIL, der zum Wertebereich des Zeigertyps T' gehört. Das heißt, wenn der Relationenteil als Komponente eines Listenelementes den Wert NIL hat, so ist damit das Listenende der entsprechenden Struktur gekennzeichnet.

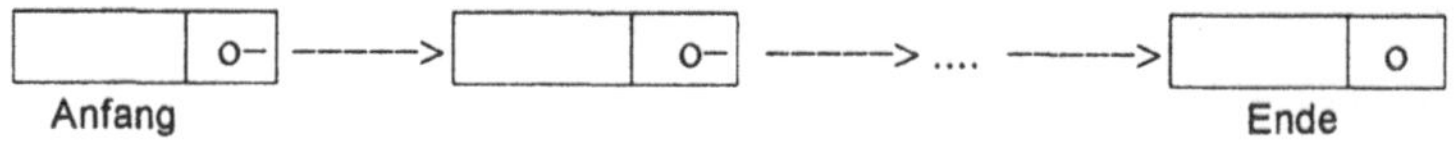

Als Alternative für den Rekursionsstop durch die Einführung von NIL ist die Definition der Listenelemente mit Hilfe eines varianten Records denkbar, bei dem ein "Leer-Zweig" als Alternative benutzt wird.

Die Realisierung in Modula-2 ist mit Hilfe des Typkonstruktors für den Satztyp und dem oben eingeführten Zeigertyp ohne neue Sprachelemente möglich:

```
TYPE Zeiger = POINTER TO Liste;
     Liste  = RECORD
                daten: IrgendeinTyp;
                next  : Zeiger
              END;
```

Beispiel

Wir greifen das Beispiel "Autorenverzeichnis" noch einmal auf und zeigen jetzt die versprochene Modula-2 - Realisierung des zugrunde gelegten Datentyps. Für den Datenteil der Komponenten nehmen wir an, daß jeweils der Name der Autoren bzw. der Publikation gespeichert werden sollen (Abbildung 48).

```
TYPE    Autorenliste = POINTER TO Autor;
        Publikationsliste = POINTER TO Publikation;

            Autor = RECORD
                            AName : ARRAY [1..30] OF CHAR;
                            ANext  : Autorenliste;
                            PListe  : Publikationsliste
                      END;
            Publikation = RECORD
                            PName : ARRAY [1..30] OF CHAR;
                            PNext  : Publikationsliste
                          END;
```

Abb. 48: Datenstruktur Autorenliste

Soll innerhalb eines Programms eine spezielle Datenstruktur in Form einer verketteten Liste benutzt werden, so ist die entsprechende Objektvereinbarung notwendig. Da die dynamische Variable - in unserem Fall das einzelne Element der Liste - nicht explizit vereinbart wird, erfolgt die Vereinbarung des gewünschten Objekts L alleine mit Hilfe des Zeigertyps:

```
VAR L: Zeiger;
```

Damit ist die Vereinbarung der Liste gegeben, definiert (konstruiert) wird sie durch eine der beiden folgenden Möglichkeiten:

- Es wird mit Hilfe der Wertzuweisung
  `L := NIL;`
  eine "leere" Liste definiert.

- Es werden mit Hilfe von Prozeduraufrufen ALLOCATE bzw. NEW nacheinander Listenelemente generiert, die dann mit den entsprechenden Werten (im Datenteil) versehen werden können.

Wir werden im nächsten Abschnitt im Zusammenhang mit der Besprechung der verschiedenen Operationen auf bzw. mit verketteten Listen auf die Listengenerierung im Beispiel näher eingehen.

3.3.3 Standardoperationen mit verketteten Listen

Wir haben im Zusammenhang mit der Besprechung der statischen Datenstrukturen die Bedeutung der jeweiligen Operationen auf diesen Strukturen meist nur kurz erwähnt und in wenigen zusammenfassenden Beispielen ihre Verwendung demonstriert. Bei verketteten Listen sind Standardoperationen wie das Einfügen oder Löschen von Listenelementen besonders einfach zu gestalten; allerdings ist die Realisierung mit Hilfe von Zeigern für den Anfänger vielleicht etwas ungewohnt, sodaß hier in einem eigenen Abschnitt einige dieser Operationen beispielhaft gezeigt werden sollen.

Wir wollen zunnächst eine verkettete **Liste aufbauen**; dabei ist der Inhalt des "Datenteils" für das Verständnis nicht relevant, wir gehen wie auch bei den übrigen Anwendungsbeispielen der Einfachheit halber davon aus, daß es sich um natürliche Zahlen handelt (Abbildung 49):

```
TYPE Zeiger = POINTER TO Liste;
   Liste = RECORD
              Daten: CARDINAL;
              Next:  Zeiger
            END;
VAR AktZ, HilfZ:  Zeiger;
       CH:   CHAR;

...........

NEW(AktZ);
AktZ^.Daten:= RdCard();
AktZ^.Next:= NIL;
REPEAT
      HilfZ:= AktZ;
      NEW(AktZ);
      AktZ^.Daten:= RdCard();
      AktZ^.Next := HilfZ;
      WrStr ("Soll weiter eingefügt werden? (J/N)");
      CH:= RdChar();
UNTIL CH = "N";
..........
```

Abb. 49: Aufbau einer verketteten Liste

Dargestellt werden die zum Aufbau einer verketteten Liste benötigten Typdefinitionen, Variablenvereinbarungen und Ablaufstrukturen; dabei geschieht der Aufbau in der Weise, daß neue Elemente jeweils an dem Anfang der Liste eingefügt werden, er endet mit einem vom Benutzer erfragten Ende-Symbol. Nach dem Ende zeigt der aktuelle Zeiger AktZ auf den Anfang der Liste.

Außer der Listengenerierung haben in der Praxis die Operationen **Einfügen und Löschen** (an beliebiger Stelle) die größte Bedeutung. Im Gegensatz zu der Ausführung dieser Operationen bei der statischen linearen Struktur ARRAY, wo jeweils eine Verschiebung der nachfolgenden Komponenten notwendig wird, erfolgt bei der verketteten Listenstruktur ein einfaches "Umhängen" der entsprechenden Zeiger.

Wir demonstrieren dies zunächst am Beispiel der Operation "Einfügen eines neuen Elements hinter einer durch die aktuelle Position AktZ gegebenen Komponente"; diese Operation ist ein Musterbeispiel für die sehr einfache Realisierung bei der Verwendung von Zeigern (siehe Abbildung 50):

```
(* Typdefinitionen und Variablenvereinbarungen wie oben *)

..........
(* Einfügen an der Position hinter AktZ *)
        NEW(HilfZ);
        HilfZ^.Daten:= RdCard();
        HilfZ^.Next := AktZ^.Next;
        AktZ^.Next  := HilfZ;
        ..........
```

Abb. 50: Einfügen in verketteter Liste

Wir weisen speziell darauf hin, daß diese Operation auch korrekt durchgeführt wird, wenn sich die gegebene Position auf das Anfangs- oder das Endelement der Liste bezieht.

Daß sich die Durchführung von Zeigeroperationen mitunter etwas komplexer gestaltet, demonstrieren wir am Beispiel "Löschen einer Komponente, deren Position durch den aktuellen Zeiger AktZ gegeben ist". Dabei gehen wir davon aus, daß mindestens eine Komponente vorhanden ist, d.h. die Liste ist nicht leer (Abbildung 51):

```
(* Typdefinitionen und Variablenvereinbarungen wie oben *)
..........
(* Löschen der Position AktZ *)
HilfZ:= AktZ^.Next;
AktZ^:= AktZ^.Next^;
DISPOSE(HilfZ);
(* Das Löschen geschieht hier durch einen Austausch der
 Komponenten-Inhalte;
 wenn das zu löschende Element das erste in der Liste ist,
 ist folgende Variante angezeigt:*)
..........
IF AktZ = AnfangZ THEN
  HilfZ:= AktZ;
  AktZ := AktZ^.Next;
  DISPOSE(HilfZ)
END;
(*Ist das zu löschende Element das letzte der Liste, so
 ist die oben benutzte Technik nicht möglich; in diesem
 Fall muß - sofern kein Verweis auf das vorletzte Element
 gegeben ist - die Liste vom Anfang bis zum Ende durchlaufen werden:}
..........
IF AktZ = EndZ THEN
  HilfZ:= AnfangZ;
  WHILE HilfZ^.Next <> AktZ DO
    HilfZ:= HilfZ^.Next
  END;
  HilfZ^.Next := NIL;
  DISPOSE(AktZ)
END;
..........
```

Abb.51: Löschen einer Komponente

Bei dem letzten Beispiel kann man leicht erkennen, daß für eine verkettete Liste eine zusätzliche Verkettung mit dem jeweils vorhergehenden Element von Vorteil sein kann: man spricht dann von einer **doppelt verketteten Liste** (Abbildung 52):

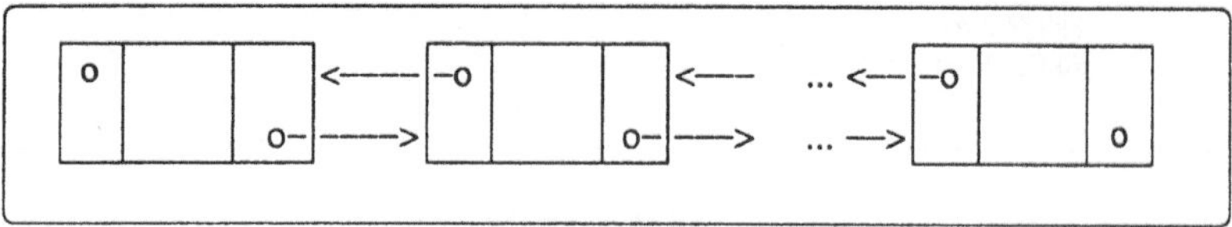

Abb. 52: Doppelt verkettete Liste

In diesem Fall sind Einfüge- und Löschoperationen unabhängig von der gegebenen Position sehr einfach zu verwirklichen. Dabei muß allerdings die Typdefinition geringfügig erweitert werden; für die gerade geschilderte Problematik beim Entfernen des letzten Elements ergibt sich (Abbildung 53):

```
(* Typdefinitionen für doppelte Verkettung, sonst wie oben *)
        TYPE Zeiger = POINTER TO Liste;
           Liste = RECORD
                      Daten: CARDINAL;
                      Vorher: Zeiger;
                      Nachher: Zeiger
                    END;
        ..........
        (* Löschen der Position AktZ *)
        HilfZ:= AktZ;
        AktZ^.Nachher^.Vorher:= AktZ^.Vorher;
        AktZ^.Vorher^.Nachher:= AktZ^.Nachher;
        DISPOSE(HilfZ);
        (* wenn das zu löschende Element das erste in der Liste ist, ist folgende Varian-
        te angezeigt ( wobei wir davon ausgehen, daß der "Vorher-Zeiger" des ersten
        Elements korrekt mit NIL besetzt war ): *)
        ..........
        IF AktZ = AnfangZ THEN
          HilfZ:= AktZ;
          AktZ := AktZ^.Nachher;
          AktZ^.Nachher^.Vorher:= NIL;
          DISPOSE(HilfZ)
        END;
        (* Ist das zu löschende Element das letzte der Liste, so
         ergibt sich jetzt vereinfacht: *)
        ..........
        IF AktZ = EndZ THEN
          HilfZ:= AktZ;
          AktZ^.Vorher^.Nachher:= NIL;
          DISPOSE(AktZ)
        END;
        ..........
```

Abb. 53: Anwendung einer doppelt verketteten Liste

Die **Suche** nach einem speziellen Element innerhalb einer verketteten Liste gestaltet sich bei sortierter oder unsortierter Liste gleichermaßen einfach, dabei handelt es sich auch bei einer sortierten Liste - bedingt durch das lineare Durchsuchen - allerdings um einen Prozeß mit linearer Komplexität. Die Realisierung ist im obigen Beispiel (Variante: "Löschen des letzten Elements") bereits angedeutet.

Die im Zusammenhang mit ARRAY-Strukturen bereits besprochenen einfachen (direkten) Sortierverfahren lassen sich im Fall des **Sortierens** durch Einfügen bzw. Auswahl wegen der einfachen Ausführung der Operation "Einfügen" unmittelbar auf verkettete Strukturen übertragen.

3.3.4 Liste objektorientiert

Bei den Darstellungen in den Kapiteln 3.3.1 bis 3.3.3 sind wir stets sehr elementar vorgegangen - so, als ob es einen systematischen Systementwurf und speziell die Objektorientierung bei Listenstrukturen gar nicht gäbe. Dem ist jedoch nicht so; Listenstrukturen lassen sich vielmehr ausgesprochen gut als Klassen definieren und geschickt in der objektorientierten Entwicklung nutzen. So können wir eine verkettete Liste in folgender Klasse definieren (Abbildung 54):

```
DEFINITION MODULE LISTE;
TYPE ElementPtrTyp = POINTER TO Element;
CLASS Element;
   next : ElementPtrTyp;
   VIRTUAL PROCEDURE Print;
 END Element;

CLASS Liste;
   Head : ElementPtrTyp;

   PROCEDURE Create;
   PROCEDURE Push  (VAR E: Element);
   PROCEDURE Pop;
   PROCEDURE Top   (): ElementPtrTyp;
   PROCEDURE Empty (): BOOLEAN;
   PROCEDURE Browse
 END Liste;

 END LISTE.
```

Abb. 54: Klassendefinition Liste

Grundgedanke dieser Implementation ist, ohne Festlegung eines Komponententyps einen abstrakten Datentyp zu realisieren. Dies gelingt dadurch, daß die Klasse Liste eine andere Klasse Element benutzt - dieses Verfahren haben wir ja bereits erfolgreich bei der Implementation der Sequenzen in Kapitel 3.2.2 angewandt.

Zur Erinnerung: Diese Klasse Element ist der Grundstock (besser: die Basis- oder Superklasse) für alle tatsächlich zu verarbeitenden Objekte und deren Klasse(n). Und weshalb funktioniert das? Alle Subklassen von Element können von Liste verwendet werden - die Kompatibilität ist durch die Vererbung garantiert[31].

Nun zu den Bestandteilen der beiden Klassen:

- Die Klasse Liste enthält ein Attribut Head, in dem jede Instanz sich das erste Element der Liste merkt. Weiter weist es die klassischen Methoden zur Verarbeitung von Listen auf:

  Create: Erzeugen einer Liste
  Push : Eintragen eines Elements in die Liste
  Pop : Löschen des ersten Elements aus der Liste
  Top : Liefern des ersten Elements der Liste
  Empty : Testen, ob die Liste leer ist

  Weiterhin enthält sie eine Methode Browse, mit der der Anwender alle Komponenten der Liste durchlaufen lassen kann - eine alte Bekannte aus der Implementation von Sequenz (siehe Kapitel 3.2.2). Ein wesentlicher Unterschied liegt jedoch in der Schnittstelle beider Browse-Implementationen: Während der Sequenzenmethode Browse noch die Größe des tatsächlichen Elements mitgeteilt werden muß, weiß die Listenmethode Browse das von selber; jede Komponente einer derart dynamischen Struktur weiß, von welchem Typ sie ist[32]. Wir sehen später noch, wozu man dies ausnutzen kann.

- Die Klasse Element enthält lediglich einen Zeiger auf die nächste Komponente der Liste und kein Datenfeld - dies erhält erst die Anwendungs-Subklasse (vom Anwender). Außerdem hat sie eine virtuelle Methode Print (auch so, wie schon von Sequenz bekannt).

Die Fehlerbehandlung und das physikalische Löschen gehören nicht dazu; in dieser knappen Form sieht der Implementationsmodul so aus (Abbildung 55):

```
IMPLEMENTATION MODULE LISTE;
FROM Storage IMPORT ALLOCATE;
FROM Lib     IMPORT Move;
CLASS IMPLEMENTATION Element;
  VIRTUAL PROCEDURE Print;
  BEGIN
  END Print;
BEGIN END Element;

CLASS IMPLEMENTATION Liste;
  PROCEDURE Create;
  BEGIN
    Head   := NIL;
  END Create;
```

[31] Das heißt nicht, daß man nicht an manchen Stellen etwas nachhelfen muß - schließlich steht einer eleganten Lösung doch wieder die strenge Typbindung von Modula im Wege ...

[32] Bei TopSpeed-Modula enthält jede Komponente ein (internes) Attribut mit der Typangabe.

```
PROCEDURE Push (VAR E:Element);
VAR P : ElementPtrTyp;
BEGIN
  ALLOCATE (P, SIZE (E));
  Move (ADR (E), P, SIZE (E));
  P^.next := Head;
  Head   := P
END Push;

PROCEDURE Pop;
BEGIN
  IF Empty ()
    THEN (* Fehler; Liste ist leer! *)
    ELSE Head := Head^.next
  END;
END Pop;

PROCEDURE Top (): ElementPtrTyp;
BEGIN
  RETURN Head
END Top;

PROCEDURE Empty ():BOOLEAN;
BEGIN
  RETURN Head = NIL
END Empty;

PROCEDURE Browse;
VAR P : ElementPtrTyp;
BEGIN
  P := Head;
  WHILE P <> NIL DO
    P ^.Print;
    P := P^.next
  END
END Browse;
BEGIN END Liste;

BEGIN END LISTE.
```

Abb. 55: Klassenimplementation Liste

Ein wirkliches Problem für die Implementation ist das Speichern einer neuen Komponente. Hat man vielleicht bei der Implementation von Sequenz noch die implizite Übergabe der Komponentenlänge in dem Ausdruck SIZE (E) hingenommen, so kommt es in der Methode Push ganz dick: da Push nicht wissen kann, wie die Komponente aufgebaut ist, kann es auch nicht die gesamte Komponente mit einer Standard-Zuweisung kopieren. Also muß die Prozedur Move aus der Bibliothek Lib von TopSpeed-Modula einen Speicherblock bestimmter Länge (nämlich SIZE(E)) ab ADR(E) nach P übertragen[33]. Und damit wird tatsächlich jede beliebige Komponentenstruktur aus dem Parameter E der Methode in die Liste an der Stelle P übertragen.

---

33 Das ist eigentlich auch nichts wesentlich anderes als das Vorgehen innerhalb der Sequenz; es ist wie häufig im Leben nur eine Frage der Optik!

Eine Anwendung dieser Datenstruktur kann dann so aussehen (Abbildung 56):

```
MODULE ListeHP;
FROM LISTE IMPORT Element, Liste, ElementPtrTyp;
FROM IO     IMPORT WrInt, WrLn;
TYPE DataTyp    = INTEGER;
CLASS UserElement (Element);
   Data     : DataTyp;
   VIRTUAL PROCEDURE Print;
   PROCEDURE Set (D:DataTyp);
 END UserElement;
CLASS IMPLEMENTATION UserElement;
  VIRTUAL PROCEDURE Print;
  BEGIN
     WrInt (Data, 10); WrLn
  END Print;
  PROCEDURE Set (D:DataTyp);
  BEGIN
    Data := D
  END Set;
 BEGIN END UserElement;

VAR Zahl :  UserElement;
 MeineListe : Liste;
BEGIN
 WITH MeineListe DO
   Create;
   Zahl.Set (12); Push (Zahl);
   Zahl.Set (9);  Push (Zahl);
   Zahl.Set (38); Push (Zahl);
   Zahl.Set (41); Push (Zahl);
   Browse;
 END;
END ListeHP.
```

Abb. 56: Anwendung der Klasse Liste

Wir erkennen in dem Beispiel der Abbildung 56, daß eine neue Klasse UserElement definiert wird mit dem Datenteil Data (vom Datentyp INTEGER), einer redefinierten Methode Print zum Ausgeben dieses Datenteils Data am Bildschirm und einer Methode Set zum Initialisieren eines Objekts. Im Anweisungsteil des Programms wird nun eine verkettete Liste aus den Werten 12, 9, 38 und 41 aufgebaut und anschließend mit der ererbten Methode Browse am Bildschirm wieder ausgegeben.

In einem Übersichtsdiagramm stellt sich der Zusammenhang zwischen der Klasse Liste und der Anwendung so dar (Abbildung 57):

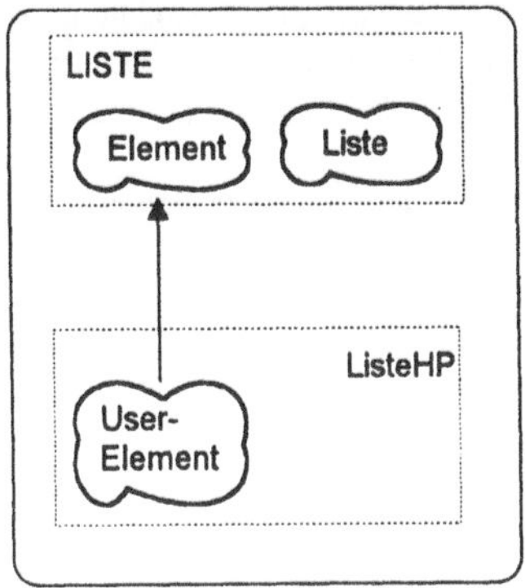

Abb. 57: Klassenübersicht Liste

3.3.5 Spezielle Liste "Keller" objektorientiert

Eine spezielle Form von linearen Strukturen haben wir im Zusammenhang mit der Besprechung der Implementierung eines abstrakten Datentyps kennengelernt; wenn auch nur implizit und ohne auf die dynamische Komponente einzugehen, war in Kapitel 2.5 vom sogenannten Stapel die Rede. (Bereits in der Einleitung wurde diese Struktur als Exempel für die axiomatische Methode zur Definition von Datentypen benutzt, siehe Kapitel 1.2.)

Die entsprechende Datenstruktur zeichnet sich dadurch aus, daß der Zugriff auf sie nur an einem der beiden definierten "Ränder" ("Anfang" oder "Ende") erfolgen kann. Ist die Struktur statisch, so kann - und das haben wir im Beispiel 2.5.3 ja auch getan - bei der Realisierung als Datentyp ein ARRAY herangezogen werden. Bei der Mehrzahl der Aufgabenstellungen aus der Praxis, in denen solche Strukturen auftreten, soll die Anzahl der Komponenten jedoch beliebig und dynamisch veränderbar sein. Da außerdem kein wahlfreier Zugriff auf beliebige Komponenten erforderlich ist, ist damit dieser ansonsten wesentliche Vorteil des Reihen-Typs sowieso nicht mehr relevant. Stapel stellen damit einen idealen Anwendungsbereich für verkettete Listen dar und sollen daher - ebenso wie die als Schlangen-Struktur bezeichnete Variante mit Zugriffsmöglichkeiten an beiden "Enden" - etwas ausführlicher untersucht werden.

Definition: Sei S eine lineare homogene Struktur mit dem Grundtyp T, bei der das Einfügen und Entfernen von Elementen nur auf den Anfang (respektive das Ende) der Struktur beschränkt ist. Wir bezeichnen diese Struktur dann als **Stapel (Keller, stack).**[34]

Da ein Stapel auch das Standardbeispiel für die Veranschaulichung einer abstrakten Datenstruktur ist, zeigen wir hier noch einmal die entsprechende Definition mit Hilfe einer algebraischen Spezifikation (axiomatische Definitionsmethode). Zur Bezeichnung der Operationen verwenden wir die sowohl in der Literatur wie auch in der Praxis gebräuchlichen Vokabeln "create" (erzeugen), "push" (hinzufügen), "pop" (entfernen), "top" (erstes Element lesen) und

[34] Ohne Beschränkung der Allgemeinheit benutzen wir zur Definition hier den Begriff Anfang ; es ist selbstverständlich auch möglich, den einzig möglichen Zugriff auf das Ende der Struktur zu beziehen.

"empty" (leer). Analog dazu benutzen wir die Bezeichnung "stack" für Stapel und "element" für die einzelne Komponente, s und e sind dabei konkrete Ausprägungen. Der Datentyp BOOLEAN mit den Wahrheitswerten true und false wird implizit vorausgesetzt.

Der Datentyp Stapel wird definiert durch die Operationen

```
create ()       : stack
push (element)  : stack
pop             : stack
top             : element
empty           : BOOLEAN
```

und die zugehörigen Axiome

```
empty (create())    = true
empty (push(e))     = false
pop   (empty())     = ERROR
pop   (push(e))     = s
top   (empty())     = ERROR
top   (push(e))     = e
```

(ERROR kennzeichnet den Zustand "nicht definiert", der hier eingeführt wird, um die Eindeutigkeit der Definition zu erhalten; ERROR muß bei einer Implementierung in irgendeiner Form berücksichtigt werden.)

Grundsätzlich läßt sich ein solcher Stapel mit Hilfe derjenigen Datentypen realisieren, die zur Modellierung von linear gegliederten Folgen mit gleichen Komponenten geeignet sind. Davon kennen wir

- im Bereich der statischen Strukturen den Datentyp Reihe (Array) und
- im Bereich der dynamischen Strukturen die Datentypen Sequenz sowie verkettete Liste.

Wie gesagt bietet sich die verkettete Liste als Hilfsmittel zur Implementation der Datenstruktur Keller an. Also definieren wir eine Klasse Keller als Subklasse zu Liste (Abbildung 58):

```
DEFINITION MODULE KELLER;
FROM LISTE IMPORT Liste;
CLASS Keller (Liste);
END Keller;
END KELLER.
```

Abb. 58: Definitionsmodul Klasse Keller

Nanu, was haben wir uns denn mit dieser Klasse Keller geleistet? Richtig: des Kaisers neue Kleider in objektorientierter Gestalt! Da unsere Klasse Liste bereits alle Methoden für die

Klasse Keller bietet und diese Methoden (natürlich) auch die vorgegebenen Axiome erfüllen, haben wir nichts mehr zu tun, als den Bezeichner Keller in die Klassenhierarchie einzuführen. Mehr nicht! So gerät auch das Implementationsmodul schon fast zu einer Farce (aber ohne ein solches Implementationsmodul geht's nun auch wieder nicht; siehe Abbildung 59):

```
IMPLEMENTATION MODULE KELLER;
CLASS IMPLEMENTATION Keller;
BEGIN
END Keller;
BEGIN
END KELLER.
```

Abb. 59: Implementationsmodul Klasse Keller

Wenn uns die Gestaltung dieser Klasse Keller so leicht gefallen ist, dann wollen wir wenigstens in der Anwendung etwas bieten: Wir wollen einen Keller verwalten, der Komponenten zweier verschiedener Typen speichern kann. Hierzu definieren wir **zwei** Subklassen unserer Basisklasse Element. Die eine, UserElement1, kann ganze Zahlen aufnehmen und die andere, UserElement2, kann Zeichenfolgen speichern. Damit können wir z.B. Namen von Personen und irgendwelche, beliebig viele Zahlangaben zu ihnen (z.B. ihr Alter) verwalten[35] (Abbildung 60):

```
MODULE KellerHP;
FROM KELLER IMPORT Keller;
FROM LISTE  IMPORT Element;
FROM IO    IMPORT WrInt, WrStr, WrLn;

TYPE DataTyp1    = INTEGER;
CLASS UserElement1 (Element);
   Data     : DataTyp1;
  VIRTUAL PROCEDURE Print;
  PROCEDURE Set (D:DataTyp1);
END UserElement1;

CLASS IMPLEMENTATION UserElement1;
  VIRTUAL PROCEDURE Print;
  BEGIN
    WrInt (Data, 10); WrLn
  END Print;

  PROCEDURE Set (D:DataTyp1);
  BEGIN
    Data := D
  END Set;
 BEGIN END UserElement1;
```

[35] Die Autoren entschuldigen sich an dieser Stelle beim Leser für dieses etwas akademische Beispiel.

```
TYPE DataTyp2    = ARRAY [0..20] OF CHAR;
CLASS UserElement2 (Element);
   Data : DataTyp2;
   VIRTUAL PROCEDURE Print;
   PROCEDURE Set (D:DataTyp2);
 END UserElement2;

CLASS IMPLEMENTATION UserElement2;
  VIRTUAL PROCEDURE Print;
  BEGIN
    WrStr (Data)
  END Print;

  PROCEDURE Set (D:DataTyp2);
  BEGIN
    Data := D
  END Set;
BEGIN END UserElement2;

VAR  Zahl :          UserElement1;
       String :      UserElement2;
       MeinKeller : Keller;

BEGIN
 WITH MeinKeller DO
    Create;
    String.Set (" Alexandra,"); Push (String);  Zahl.Set (12); Push (Zahl);
    String.Set (" Nicolai,"); Push (String);  Zahl.Set (9); Push (Zahl);
    String.Set (" Annette"); Push (String);  Zahl.Set (38); Push (Zahl);
    String.Set (" und"); Push (String);
    String.Set (" Heinz-Erich."); Push (String);  Zahl.Set (41); Push (Zahl);

    Browse; WrLn; WrLn;

     WHILE NOT Empty () DO
          IF Top()^ IS UserElement2
             THEN Top()^.Print;
          END;
          Pop
     END
  END;
END KellerHP.
```

Abb. 60: Anwendungsmodul zur Klasse Keller

Diese Anwendung hat es nun wirklich in sich; nämlich:

- Sie weist nach, daß ein einziger Keller Komponenten unterschiedlichen Typs speichern kann (ohne daß man hierfür solch ein unsicheres Konzept wie den varianten Verbund benutzen muß).

- Mit der Ausgabe sämtlicher Komponenten des Kellers wird zu jeder Komponente automatisch die korrekte Ausgabemethode Print ausgewählt - der Anwendungsentwickler hat hier keine einzige Zeile Programmcode zu schreiben! Dies erledigt die im vorigen

Kapitel bereits angesprochene automatische Speicherung des Komponententyps zusammen mit den wichtigen objektorientierten Eigenschaften des Polymorphismus und dem dynamischen Binden. Mehr als das Anwenden der Methode Browse ist nicht nötig.

- Wer dennoch die Steuerung der Ausgabe aller Komponenten selber in die Hand nehmen möchte, kann auch dies tun; die Schleife im dritten Teil des Anweisungsteil zeigt die Vorgehensweise. Danach sollen alle Komponenten eines bestimmten Typs (hier: UserElement2) ausgegeben werden. Das oberste Element des Kellers liefert die Methode Top[36], die Typprüfung läßt sich mithilfe des IS-Operators bewerkstelligen und die gerade ausgegebene Komponente läßt sich mit Pop aus dem Keller entfernen.

In einem Übersichtsdiagramm stellt sich der Zusammenhang zwischen der Klasse Keller und der Anwendung so dar (Abbildung 61):

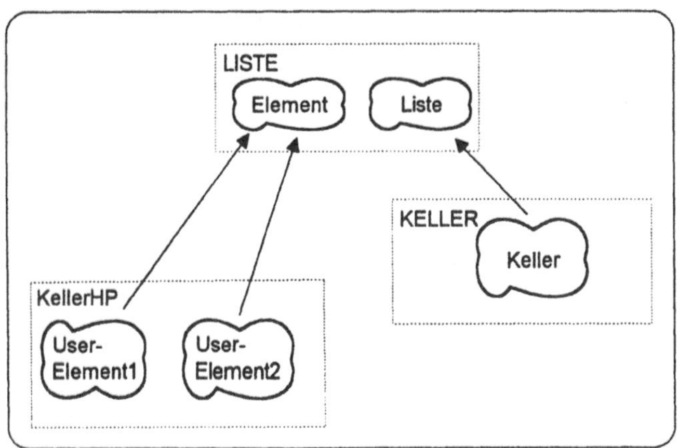

Abb. 61: Klassenübersicht Keller

Nun aber wieder zum Grundsätzlichen zurück: Da das in einem Keller zuletzt eingefügte Element auch als erstes wieder entnommen wird, bezeichnet man einen solchen Stapel auch als LIFO (last-in-first-out) - Struktur. Stapel- oder Kellerstrukturen spielen aus diesem Grund überall dort eine entscheidende Rolle, wo das LIFO-Prinzip zur Lösung einer Aufgabe angewendet wird. In der Informatik selbst gibt es eine Reihe von solchen Aufgabenstellungen; erwähnt seien hier beispielhaft die Speicherung von Rücksprungadressen bei geschachtelten Unterprogrammen, die automatische Syntaxanalyse oder ganz allgemein die Implementierung von rekursiven Programmstrukturen. Wir verweisen hier ebenso wie für den Komplex der Speichertechniken von Mehrfach-Kellern auf die Spezialliteratur.

36 Präziser: Top() liefert lediglich einen Zeiger, der auf eine Komponente zeigt. Top()^ ist dann die fragliche Komponente selber!

3.3.6 Spezielle Liste "Schlange" objektorientiert

Bisher haben wir uns ganz auf die Datenstruktur Keller konzentriert - selbst der Grundstruktur Liste lag ein Keller zugrunde. Nicht immer will man jedoch die Eigenschaften dieser Liste haben. Deshalb wollen wir in diesem Kapitel Eigenschaften und Implementation der Datenstruktur Schlange untersuchen.

Definition Sei S eine lineare homogene Struktur mit dem Grundtyp T, bei der das Einfügen und Entfernen von Elementen nur an den beiden entgegengesetzten Rändern der Struktur möglich ist. Wir bezeichnen diese Struktur dann als **Schlange (Queue).**[37]

Analog zur Spezifikation eines Stapels läßt sich die axiomatische Beschreibung der Struktur bzw. des abstrakten Datentyps Schlange nicht ohne weiteres angeben. Wir listen daher die definierenden Operationen mit ihren Parametern auf und beschreiben ihre Eigenschaften weiter unten operationell mit verketteten Listen. Bei den Funktionsbezeichnungen verwenden wir eine ähnliche Nomenklatur wie oben, anstelle des deutschen Wortes Schlange nehmen wir die sehr geläufige Vokabel "queue".

Der Datentyp Schlange wird definiert durch die Operationen:

create () : queue
push (element): queue
pop () : queue
top () : element
empty () : BOOLEAN

Grundsätzlich läßt sich auch eine solche Schlangenstruktur mit den gleichen Datentypen wie bei einem Stapel realisieren. Bei einer Implementierung mit Hilfe einer Reihe muß man jedoch beachten, daß die Schlange durch die Reihenstruktur "hindurchkriecht" und auf Grund der statischen Struktur damit sehr schnell beim physikalischen Ende des Arrays ankommt. Hier ist es angebracht, die Reihe als zyklische Struktur - also gewissermaßen als Ring - aufzufassen.

Wir zeigen stattdessen wie oben angedeutet die operationelle Beschreibung (Implementierung) der Funktionen mit Hilfe einer verketteten Liste. Dabei gehen wir wieder von der Basisklasse Liste aus und entwerfen eine Subklasse, die lediglich ein Attribut End ergänzt[38] und die beiden Methoden Create und Push redefiniert (Abbildung 62):

---

[37] Üblicherweise, d.h. in Übereinstimmung mit dem Sprachgebrauch aus dem täglichen Leben (Bsp. Warteschlange), wird die Operation Entfernen mit dem Anfang ("Kopf") und die Operation Hinzufügen mit dem Ende ("Fuß") der Schlange in Verbindung gebracht. Wir schließen uns dieser sprachlichen Bezeichnungsweise an.

[38] Auf das Attribut End kann man natürlich auch verzichten; es beschleunigt nur die Methode Push erheblich!

```
DEFINITION MODULE SCHLANGE;
FROM LISTE IMPORT Liste, Element, ElementPtrTyp;
CLASS Schlange (Liste);
  End : ElementPtrTyp;
  PROCEDURE Create;
  PROCEDURE Push  (VAR E: Element);
 END Schlange;
 END SCHLANGE.
```

Abb. 62: Definitionsmodul Klasse Schlange

Der Implementationsmodul weist nur wenig Neues auf: Er enthält in der Methode Create eine unmittelbare Initialisierung des Attributs End und - für das ererbte Attribut Head - einen Verweis auf die Methode Create der Basisklasse Liste (siehe Abbildung 63):

```
IMPLEMENTATION MODULE SCHLANGE;
FROM LISTE  IMPORT Element;
FROM Storage IMPORT ALLOCATE;
FROM Lib        IMPORT Move;

CLASS IMPLEMENTATION Schlange;
   PROCEDURE Create;
   BEGIN
     End := NIL;
     Liste.Create
   END Create;

   PROCEDURE Push (VAR E:Element);
   VAR P : ElementPtrTyp;
   BEGIN
     ALLOCATE (P, SIZE (E));
     Move (ADR (E), P, SIZE (E));
     IF Head = NIL
       THEN Head      := P;
       ELSE End^.next := P
     END;
    End     := P;
    P^.next := NIL;
   END Push;

 BEGIN END Schlange;
 BEGIN END SCHLANGE.
```

Abb. 63: Implementationsmodul Klasse Schlange

Auf eine Anwendung der diskutierten Klasse Schlange wollen wir hier verzichten; wer daran wider Erwarten interessiert sein sollte, den verweisen wir auf die Diskette mit allen Quellprogrammen. Das Übersichtsdiagramm stellt dagegen den Zusammenhang zwischen der Klasse Schlange und der Anwendung vollständig dar (Abbildung 64):

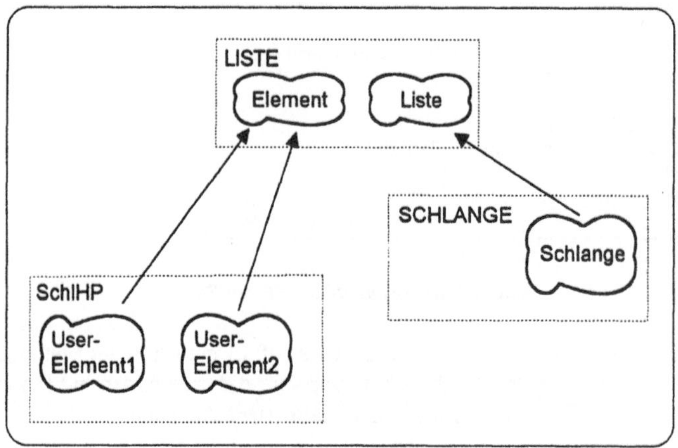

Abb. 64: Klassenübersicht Schlange

Und auch hier noch einmal zum Grundsätzlichen zurück: Das in einer Schlange zuletzt hinzugefügte Element wird als letztes entnommen, das zuerst eingefügte wird auch als erstes wieder entfernt. Man bezeichnet eine solche Struktur daher auch als FIFO (first-in-first-out) - Struktur. Schlangen - oder Queuestrukturen kommen in der Praxis immer dort vor, wo ein klassisches Warteschlangenproblem gegeben ist. Auch in der Informatik gibt es eine Reihe von solchen Problemen, wie zum Beispiel das Bearbeiten von Druckaufträgen oder allgemein die Simulation von Erzeuger / Verbraucher - Prozessen. Wir verweisen auch hier auf die Spezialliteratur, geben jedoch ein aus Sicht der Programmierung paralleler Prozesse interessantes Anwendungsbeispiel im kommenden Abschnitt (siehe Kapitel 3.4).

3.4 Prozessverwaltung

3.4.1 Coroutinen

In allen Beispielen der vorangegangenen Kapitel hatten wir es mit Abläufen zu tun, in denen man Teil-Abläufe mit definierten Ein- und Ausgängen erkennen konnte. Anders gesagt: Jede Prozedur und jede Funktion lief bislang vollständig ab - soweit im Code eingebaute Varianten dies zuließen. Das erscheint auf den ersten Blick auch als normal und dem Programmier-Alltag zu entsprechen.

Woran liegt das? Wir sehen in einem Unterprogramm immer ein untergeordnetes Programmstück, das einen Auftrag erhält, diesen vollständig ausführt und auf keinen Fall die Regie über den weiteren Ablauf übernimmt. Die Ablaufkontrolle gibt es stets an das übergeordnete ("rufende") Programmstück zurück.

Vielen Aufgaben in der Systementwicklung wird man mit diesem Konzept nicht gerecht. Wenn zwei Teilabläufe voneinander abhängig sind wie z.B. alle Verbraucher-Produzenten-Systeme, dann läßt sich das starre Über-Unterordungskonzept nicht anwenden. In diesen Fällen braucht man ein Konzept für Parallelitäten. Das Hilfsmittel für dieses Konzept ist die Coroutine.

Definition: Eine **Coroutine** ist eine Prozedur, die sich selber unterbrechen und die Kontrolle an eine andere Coroutine abgeben kann. Sie läuft mit dem ersten Aufruf vom Beginn ihres Programmcodes. Mit jedem weiteren Aufruf setzt der Ablauf an der Unterbrechungsstelle fort. Alle ihre lokalen Objekte bleiben bei einer Unterbrechung erhalten.

Was Prozeduren und Coroutinen unterscheidet, zeigt noch einmal die Graphik (Abbildung 65) bildlich:

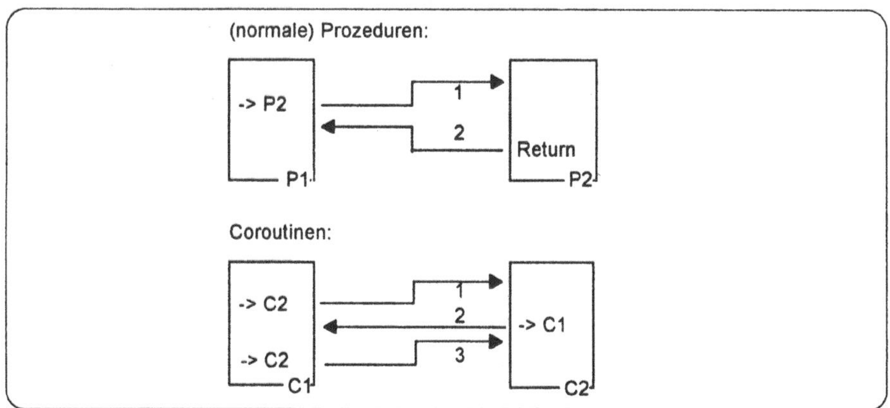

Abb. 65: Prozeduren und Coroutinen

In Abbildung 65 ruft Prozedur P1 die Prozedur P2 auf (Schritt 1), P2 wird abgearbeitet und gibt mit der Return-Anweisung die Kontrolle an P1 zurück (Schritt 2). Bei den Coroutinen C1 und C2 sieht das zunächst ähnlich aus: C1 übergibt die Kontrolle an die Coroutine C2 (Schritt 1). C2 läuft ab bis zur Unterbrechung und Übergabe an Coroutine C1 (Schritt 2). C1 läuft weiter bis zum erneuten Aufruf von C2 (Schritt 3).

Dieser in der Abbildung 65 sequentielle Ablauf kann natürlich in sich wiederholt werden; so ist der Einsatz der LOOP-Schleife geradezu normal bei Coroutinen. Und: Dies Spiel der wechselnden Kontrolle des Ablaufs ist nicht auf zwei Coroutinen beschränkt. Vielmehr können beliebig viele Coroutinen beteiligt sein.

Modula-2 kennt zwei Einschränkungen für Coroutinen:

- Die zugrundeliegenden Prozeduren dürfen keine Parameter haben; jegliche Datenkommunikation muß über global definierte Objekte erfolgen.

- Eine Prozedur ist nicht von vornherein eine Coroutine, vielmehr wird sie es erst durch eine spezielle Initialisierung während des Programmablaufs (Prozedur NEWPROCESS; Erläuterung folgt im nächsten Kapitel).

3.4.2 Anwendung: Hangman

Anstelle einer bloßen Auflistung derjenigen Prozeduren, mit denen Coroutinen umgehen, wollen wir eine Anwendung vorstellen, die ausgiebig von ihnen Gebrauch macht. Diese Anwendung geht zurück auf Alexandra Erbs (damals 9 Jahre), die in der Schule das Spiel "Galgenmännchen" kennengelernt hatte und ihren Vater fragte, ob sie das nicht auch einmal mit dem Computer spielen könne. Worum geht es dabei?

Definition: Bei Galgenmännchen oder **Hangman** wählt der Computer aus einem zuvor angelegten, beliebigen Wortschatz zufällig ein Wort aus. Er teilt dem Menschen als seinem Spielpartner mit, wieviele Buchstaben das Wort hat. Der Mensch rät einen Buchstaben. Ist er im Wort enthalten, zeigt der Computer alle Positionen im zu ratenden Wort an, an der der betreffende Buchstabe steht. Ist er jedoch nicht im Wort, zeichnet der Computer einen Teil des Galgenmännchens. Ist das Wort geraten oder das Galgenmännchen vollständig gezeichnet, ist das Spiel zu Ende. Gleiches gilt, wenn der Mensch die Lust am Raten verloren hat.

Drei wesentliche Funktionen muß das Programm Hangman damit leisten:

- Es muß den Dialog mit dem Spieler führen und z.B. feststellen können, wenn der Mensch die Lust am Raten verloren hat (Prozedur Eingabe).

- Es muß die Eingabe analysieren und entsprechend am Bildschirm darstellen (Prozedur Analyse).

- Es muß Stück für Stück das Galgenmännchen zeichnen.

Weil jede einzelne Leistung immer nur stückweise erbracht wird, können wir Coroutinen einsetzen. Der Wechsel zwischen ihnen läßt sich im Überblick so darstellen (Abbildung 66):

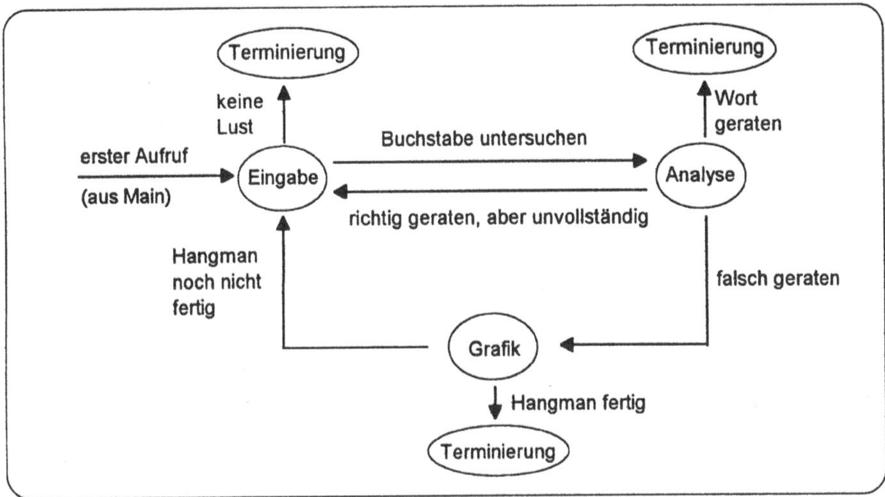

Abb. 66 Zustandsdiagramm Hangman

Welche wesentlichen Details im Umgang mit Coroutinen enthält das Programm Hangman (die vollständige Quelle entnehmen Sie bitte der Diskette)? In den einzelnen Prozeduren sind es:

- Die Prozedur Init enthält u.a. die Initialisierung der drei Coroutinen:

```
NEWPROCESS (EingabeProc, ADR (WspE), SIZE (WspE), Eingabe);
NEWPROCESS (AnalyseProc, ADR (WspA), SIZE (WspA), Analyse);
NEWPROCESS (GrafikProc,  ADR (WspG), SIZE (WspG), Grafik);
```

Dabei ist (am Beispiel Eingabe) EingabeProc der Name der zugrundeliegenden Prozedur. ADR (WspE) ist die Adresse eines Speicherbereichs, der zur Verwaltung der Coroutine (insbesondere für die lokalen Objekte) genutzt werden soll. SIZE (WspE) legt die Größe des Verwaltungs-Speicherbereichs in Bytes fest. Eingabe ist der Name der Coroutine.

- Die Prozedur EingabeProc enthält im wesentlichen folgende Schleife:

```
LOOP
  IF EingabeChar = EscapeChar
    THEN TRANSFER (Eingabe, Main)
    ELSE TRANSFER (Eingabe, Analyse)
  END (* If *)
END (* Loop *)
```

Mit der TRANSFER-Prozedur geht die Kontrolle von der laufenden Coroutine auf eine andere (2. Parameter) über. Dabei wird außerdem in die Variable der ersten Parameterposition der Verweis auf die unterbrochene Coroutine eingetragen.

- Die Prozedur AnalyseProc enthält im wesentlichen folgende Schleife:

```
LOOP
  IF BuchstabeInWortVorhanden
    THEN IF geraten = zuRaten
         THEN TRANSFER (Analyse, Main)
         ELSE TRANSFER (Analyse, Eingabe)
       END (* If geraten *)
    ELSE TRANSFER (Analyse, Grafik)
  END (* If vorhanden *)
END (* Loop *)
```

- Die Prozedur GrafikProc enthält in dem ARRAY PartArray alle Teilstriche für das Galgenmännchen mit ihrem Ort auf dem Bildschirm. Diesen ARRAY kann sie nutzen:

```
GotoXY (GCol0,GLine0); WrStr ('-');
FOR i := 1 TO 20 DO
  TRANSFER (Grafik, Eingabe);
  WITH PartArray [i] DO
    GotoXY (GCol0+x, GLine0-y);
    TextColor (Blue); WrChar (c);
  END (* With *)
END (* For *);
TRANSFER (Grafik, Main)
```

- Das Hauptprogramm enthält den Import der Prozeduren für die Verwaltung der Coroutinen:

```
FROM SYSTEM  IMPORT ADDRESS, NEWPROCESS, TRANSFER;
```

  Außerdem sind hier die globalen Variablen definiert:

```
Eingabe, Analyse, Grafik,Main: ADDRESS;
WspE,   WspA,   WspG      : ARRAY [1..1024] OF WORD;
```

  Und welche Anweisungen enthält das Hauptprogramm? Kaum noch etwas; im wesentlichen ist es:

```
TRANSFER (Main, Eingabe);
```

Und so haben wir mit der Coroutine ein Konzept der Ablaufsteuerung in Unterprogrammen kennengelernt, mit dem Quasi-Parallelität zu erreichen ist.

3.4.3 Von der Coroutine zum Prozeß

Mit der Coroutine haben wir ein Werkzeug kennengelernt, quasi-parallele Abläufe zu gestalten. Präziser: Prozeduren können als Coroutinen explizit die Kontrolle über den Programmablauf an andere Coroutinen übergeben. Wer an wen unter welcher Bedingung "den Stab weiterreicht", ist dem Programmcode unmittelbar zu entnehmen.

Soll dieser Wechsel nicht von bestimmten ablaufimmanenten Ereignissen abhängen, sondern von externen Ereignissen - wie z.B. einem Zeitablauf - wird's komplizierter: Dann benötigt man einen besonderen Mechanismus, der jede Coroutine nach einem bestimmten Plan (engl. Schedule) startet und wieder unterbricht. Dieser Mechanismus wird Scheduler oder Dispatcher genannt, jede dem Scheduling unterworfene Coroutine nennt man auch Prozeß.

TopSpeed-Modula stellt hierfür in der Bibliothek "Process" u.a. folgende Prozeduren zur Verfügung:

StartScheduler	startet den Scheduler
StartProcess (P,N,Pr)	startet (unter der Regie des Schedulers) einen Prozeß P (genauer: läßt Prozedur P als Prozeß laufen) mit N Bytes Arbeitsspeicher und einer Priorität Pr. Der Prozeß wird gestartet, wenn seine Priorität mindestens so groß ist wie die Priorität des laufenden Prozesses.
StopScheduler	beendet den Scheduler
Delay (t)	unterbricht den Prozeß um mindestens t Zeitscheiben (eine Zeitscheibe entspricht ca. 1/18 sec).
Lock	verhindert, daß der Prozeß unterbrochen wird - notwendig zur Einleitung eines sog. kritischen Abschnitts.
Unlock	läßt Unterbrechungen des Prozesses zu.

In anderen Implementationen mögen die Bezeichungen der Prozeduren und ggf. ihre Parameter differieren, die beschriebenen Leistungen sollten aber ebenso wie im TopSpeed-Modula vorhanden sein.

Nicht jeder Prozeß ist jedoch zu jeder Zeit bereit abzulaufen. Ein Prozeß kann vielmehr

- laufen; d.h. sein Code wird zur Zeit ausgeführt und alle anderen Prozesse laufen nicht.
- bereit sein; d.h. der Prozeß ist unterbrochen und wartet auf einen erneuten Aufruf.
- blockiert sein; d.h. der Prozeß ist unterbrochen und nicht bereit, seinen Ablauf fortzusetzen. Er wartet auf ein bestimmtes Ereignis (z.B. Eintreffen eines Signals).

Ein besonderer Zustand "existent", bei dem ein Prozeß zwar erzeugt aber noch nicht gestartet ist, sieht die Prozeßverwaltung von TopSpeed-Modula nicht vor. Denkbar ist er jedoch (siehe [Dal Cin 88] S. 235f).

Zur Erzeugung und Reaktion auf äußere Ereignisse hält die Prozeß-Bibliothek von TopSpeed-Modula wiederum einige Prozeduren vor:

Awaited (S)	prüft, ob irgendein Prozeß auf das Signal S wartet.
Init (S)	initialisiert das Signal S, indem sein Counter auf Null gesetzt wird und eine leere Prozeß-Queue angelegt wird.
SEND (S)	aktiviert den ersten Prozeß, der auf das Signal S wartet. Wartet kein Prozeß auf S, wird das Signal vermerkt (= der Counter erhöht).
WAIT (S)	blockiert den laufenden Prozeß, bis das Signal S vorliegt.

Wen Details zu diesen und den anderen Prozeduren interessieren, der werfe einen Blick in die Quellen der Prozeßverwaltung auf der Begleitdiskette zum Buch.

3.4.4 Anwendung: Würfelexperiment

Will man naturwissenschaftliche Phänomene experimentell mit dem Computer simulieren, begegnet man häufig folgenden Teilproblemen:

- einem oder mehreren Erzeugerprozessen, in denen Daten des Experiments gewonnen werden und
- einem Auswertungs-/Darstellungsprozeß, der z.B. am Bildschirm synchron den Stand des Experiment wiedergibt.

So auch bei unserer Anwendung "Würfelexperiment":

Definition Bei dem **Würfelexperiment** sollen an maximal neun Würfeltischen gleichzeitig je zwei Würfel geworfen werden. In einer gemeinsamen Statistik aller Tische soll die Verteilung der Augensummen festgehalten werden. In einem Balkendiagramm soll synchron zum Experiment die Verteilung der Augensummen dargestellt werden.

Für den Anwender sieht das so aus (Abbildung 67):

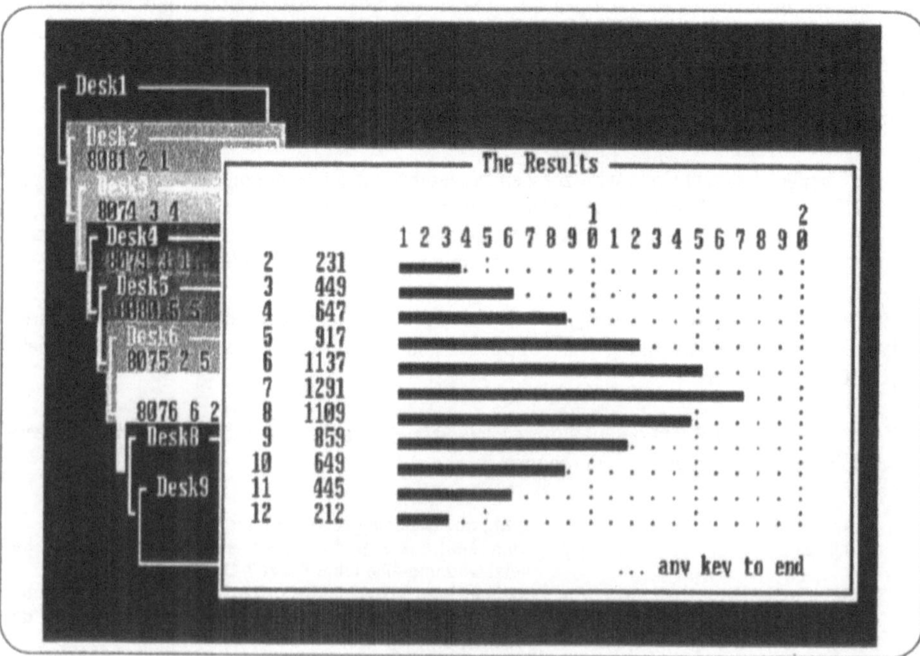

Abb. 67: Benutzungsoberfläche Würfelexperiment

Mit der Gestaltung dieser Benutzungsoberfläche geraten wir um einiges über die Möglichkeiten der Prozeßverwaltung hinaus - dennoch machen wir es, damit das Produkt praxisnah gerät.

Jeder Prozeß der Simulation läuft nämlich in einem eigens für ihn reservierten Ausschnitt des Bildschirms ab. Damit wenden wir das Prinzip der Kapselung von Datenstrukturen und Funktionen auf den Bildschirm an: kein Prozeß kann in den Bildschirm-Ausschnitt des anderen schreiben! Und auch dabei erfinden wir nichts neu, sondern nutzen einfach die Fensterverwaltung von TopSpeed-Modula in der Bibliothek "Window". Details zur Anwendung von Window entnehmen Sie bitte dem Quellprogramm auf der Diskette.

Nun aber zur Prozeßverwaltung. In einem ersten Entwurf unseres Simulationsprogramms entwerfen wir neun separate Erzeuger-Prozeduren und eine Balkendiagramm-Prozedur. Das ist aber reichlich ineffizient. Schließlich unterscheiden sich die einzelnen Erzeuger-Prozesse überhaupt nicht in ihrem Programmcode sondern nur in dem Fenster, in dem sie "würfeln". Und damit liegt die Lösung auf der Hand: Benötigt wird ein ARRAY mit den Window-Informationen (welche Bildschirm-Koordinaten, welche Farben, ...) für jeden Prozeß und eine Variable für die Tischnummer, die jeder Prozeß mit seinem Start erhöht. Die Erzeuger-Prozedur gestaltet sich damit recht einfach:

```
PROCEDURE WuerfelnProc;
BEGIN
  Process.Lock;
  INC (Desk); Window.Use (WindowWuerfeln [Desk]) ;
  Process.Unlock;
  LOOP
    (* ... hier wird gewürfelt *)
  END
END WuerfelnProc;
```

Die vierte Zeile der Prozedur ist ein kritischer Abschnitt: Wird ein Prozeß nach dem Erhöhen der Tischnummer und vor der Zuordnung des Bildschirmfensters unterbrochen, kann es zu einer falschen Bildschirmzuordnung kommen. Die Kombination Lock - Unlock verhindert diesen Fehler.

Das Hauptprogramm enthält im wesentlichen das Erzeugen der Prozesse:

```
BEGIN
   Desk := 0;
   Process.StartScheduler ;
   REPEAT
     Process.StartProcess(WuerfelnProc,2000,1) ;
   UNTIL NumberOfDesks = Desk;
   Process.StartProcess(Histogramm,2000,1) ;
   Process.Init(MainWait);
   Process.WAIT(MainWait);
   Process.StopScheduler
END Wuerfeln.
```

Und wie wird das Programm überhaupt beendet? Ein Blick in den Diagrammprozeß beantwortet auch diese Frage:

```
REPEAT
  (* ... hier wird gezeichnet *)
UNTIL IO.KeyPressed ();
SEND (MainWait)
```

Die Variable MainWait (vom Datentyp Process.Signal) blockiert das Hauptprogramm solange, bis der Diagrammprozeß ihn mit SEND (MainWait) wieder freigibt. Erst danach wird der Scheduler beendet.

Und die Moral von der Geschicht': Eine Prozedur kann beliebig häufig zur Erzeugung von Prozessen benutzt werden. Denn nicht jeder Prozeß braucht einen eigenen Programmcode. Wohl braucht er einen eigenen Speicherbereich für seine lokalen Objekte - und den bekommt er ja auch.

3.4.5 Prozeßverwaltung und Listenstrukturen

Was hat nun die Prozeßverwaltung mit den Listenstrukturen zu tun? Wer sich die Implementation von Prozessen und Signalen in der Bibliothek "Process" genauer ansieht, der stellt fest, daß ihnen Listenstrukturen zugrundeliegen. Im Kapitel 3.4.3 war ja auch schon die Rede von einer Prozeß-Queue im Zusammenhang mit jedem Signal. Auch der Scheduler geht mit Prozeßlisten (z.B. der sog. Bereitliste) um. Die Prozeßverwaltung selber ist also ein herausragendes Beispiel für die Anwendung dieser Datenstruktur. Und außerdem: Datenstrukturen sind nichts ohne die zu ihrer Verarbeitung nötigen Algorithmen. Coroutinen bzw. Prozesse sind Konzepte, mit denen besonders systemnahe Aufgaben geeignet realisiert werden können.

4 Nichtlineare dynamische Datenstrukturen

4.1 Bäume im Allgemeinen

Dynamische Strukturen in der Praxis sind häufig im Gegensatz zu den in Kapitel 3 besprochenen Datenmodellen nichtlinear und von einer sehr komplexen Gestalt. In vielen Fällen - und dies vor allem bei Anwendungen der Systemprogrammierung[39] - haben sie jedoch eine charakteristische Eigenschaft, die wir im täglichen Leben mit dem Begriff "Baum" umschreiben. Bevor wir am Schluß des Kapitels 4 kurz auf die Darstellung allgemeiner "Graphen"-ähnlicher Objekte eingehen, wollen wir uns also ausführlicher mit solchen Baumstrukturen befassen.

Bei der exakten Definition einer Baumstruktur geht man von der Definition des aus der Graphentheorie stammenden Begriffs des gerichteten Graphen aus. Wir stellen daher diese grundlegende Bestimmung an den Anfang unserer Erläuterungen.

Definition: Ein **gerichteter Graph** G ist ein Mengen-Paar G = (V,E) von N Knoten und E gerichteten Kanten. Genauer gesagt ist N eine nichtleere endliche Menge (N = {1,2,...|N|}) von Knoten und E "aus" N x N eine zweistellige Relation in N, d.h. E ist die Menge geordneter Paare von Knoten, genannt Kanten.

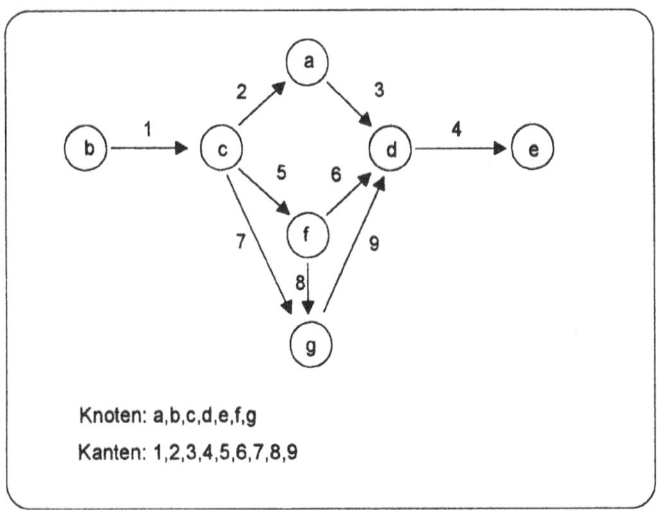

Abb. 68: Graphenstruktur

Eine direkte Folgerung dieser Definition ist die wichtige Tatsache, daß damit keine parallelen Kanten zugelassen sind!

---

39 Beispiele hierfür sind etwa die Syntaxanalyse (Stichwort: Syntaxbaum) bei der Übersetzung von Sprachelementen einer höheren Programmiersprache oder die Implementierung der index-sequentiellen bzw. indizierten Datenorganisation (siehe Kapitel 5).

Für das Folgende benötigen wir noch die Begriffe:

- zyklenfrei heißt G, wenn für alle in G vorhandenen Knoten gilt, daß kein Weg längs der in G definierten Kanten zu diesem Knoten zurückführt,
- der Innengrad (auch Eingangsgrad genannt) eines Knotens N ist gegeben durch die Anzahl der in N einmündenden Kanten,
- der Außengrad (oder Ausgangsgrad) von N ist gegeben durch die Anzahl der von N ausgehenden Kanten.

Der in der Abbildung 68 dargestellte Graph ist in diesem Sinn zyklenfrei; der maximale Innengrad ist 3 (Knoten d), der maximale Außengrad ist ebenfalls 3 (Knoten c).

Mit dieser Grundlage können wir jetzt eine sinnvolle Struktur mit der oben angedeuteten Hierarchie beschreiben; dabei bezeichnen wir die zunächst noch etwas allgemein gehaltene Anordnung von Elementen als Wurzelbaum (siehe Abbildung 69).

Definition: Eine nichtlineare dynamische Struktur heißt **Wurzelbaum** B, wenn gilt:
1. Die Struktur stellt einen zyklenfreien gerichteten Graphen dar.
2. Es gibt einen ausgezeichneten Knoten ohne Vorgänger, genannt Wurzel (d.h. der Innengrad der Wurzel ist 0).
3. Jeder andere Knoten hat genau einen Vorgänger (d.h. der Innengrad dieser Knoten ist 1).

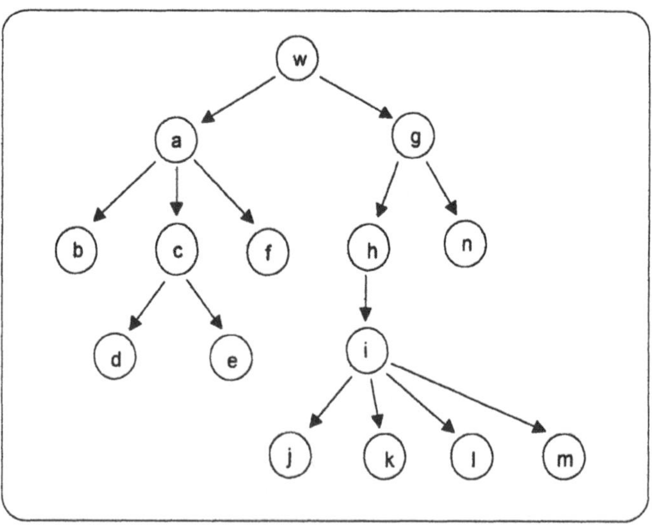

Abb. 69: Wurzelbaum

Wie wir aus der Abbildung ersehen, wächst also ein Baum nach dieser in der Informatik gebräuchlichen Definition in umgekehrter Richtung als in der Natur: Die *oben liegende* Wurzel ist durch den Knoten w gegeben und die *unten liegenden* Knoten ohne "Nachfolger" werden wir entsprechend der umgangssprachlichen Vokabel als Blätter bezeichnen. (Die exakte

Definition ist gegeben durch die Aussage, daß ein Knoten mit einem Außengrad 0 Blatt genannt wird.)

Weitere strukturelle Bezeichnungen sind:

- Die Länge eines Wegs l(x,y) entspricht der Zahl der auf dem Weg von Knoten x nach Knoten y durchlaufenen Kanten.
- Die Höhe eines Baums[40] h(B) ist definiert durch die maximale Länge
  (h(B) = max l(x,y) für alle x,y in B).
- Das Gewicht eines Baums ist gegeben durch die Anzahl der Knoten, d.h. g(B) = |B|.
- Ein Baum heißt vollständig, wenn er auf jeder Höhenstufe die maximal mögliche Knotenanzahl besitzt, und wenn sich sämtliche Blätter auf der gleichen Stufe befinden.
- Die Ordnung eines Baums beträgt r, wenn mindestens ein Knoten genau r Nachfolger und kein Knoten mehr als r Nachfolger besitzt, d.h. r entspricht dem maximalen Außengrad in B. Ein Baum der Ordnung 2 wird als binärer Baum bezeichnet, Bäume der Ordnung r > 2 werden durch den Begriff Vielwegbaum charakterisiert (s. Kap. 4.5).
- Ein geordneter Baum[41] liegt vor, wenn für jeden Knoten seine Nachfolger geordnet sind, d.h. die Reihenfolge der Nachfolgeknoten ist festgelegt.

Beispiel:

Für den in der Abbildung 69 dargestellten Baum mit der Wurzel w gelten die folgenden Aussagen:[42]

1. Im Baum w sind die Knoten mit den Bezeichnungen b, d, e, f, j, k, l, m und n Blätter.
2. Als Längenangaben sind z.B. l(g,m) = 3 oder l(w,c) = 2 korrekt.
3. Für die Höhe des Baums gilt: h(w) = 4
4. Das Gewicht berechnet sich aus der Anzahl der Knoten: g(w) = 15
5. Der Baum ist nicht vollständig.
6. Als Ordnung erkennen wir die Größe 4, der Baum w ist damit kein binärer Baum.
7. Der Baum kann bezüglich des Alphabets als geordnet angesehen werden.

Bis hierher haben wir lediglich die strukturellen Eigenschaften von Wurzelbäumen zusammengefaßt (und hier auch nur die für unsere Belange wesentlichen[43]); unsere Hauptaufgabe besteht jedoch darin, zu zeigen, inwieweit eine solche Struktur als Datenmodell benutzt werden kann. Die in der Definition der Graphen eingeführten Knoten sind offensichtlich die Informationsträger (sie enthalten Datenobjekte), die Kanten zwischen zwei Knoten stellen Relationen zwischen den entsprechenden Elementen dar.

So läßt sich etwa in dem in der Abbildung 70 gezeigten Baum ein Datenmodell für einen Familienstammbaum beschreiben, das wie folgt interpretiert wird:

---

[40] Wir verwenden jetzt bis auf weiteres den einfacheren Begriff Baum, wenn wir als Struktur einen Wurzelbaum gegeben haben.

[41] Man beachte: Der Begriff "Ordnung" hat nichts mit dem Begriff "geordnet" gemein!

[42] Hier wird der Baum über seine Wurzelbezeichnung identifiziert.

[43] Für weitere Aussagen zu diesem Bereich empfehlen wir die Spezialliteratur über Graphentheorie.

- die Knoten stellen jeweils eine Person dar, charakterisiert durch einen Namen,
- die Kanten spiegeln die Relation "Eltern-Kind" wider,
- darüber hinaus existiere eine spezielle Anordnung mit einem zusätzlichen Reihenfolgekriterium "ist früher geboren als".

Aus der angegebenen Struktur lesen wir z.B. ab:

- Maria ist früher geboren als Gustav (und Fritz)
- Hanna ist früher geboren als Lothar (und Franz)
- Die Frage, ob Hanna früher geboren ist als z.B. Martha, läßt sich bei dieser Reihenfolgespeicherung nicht beantworten.

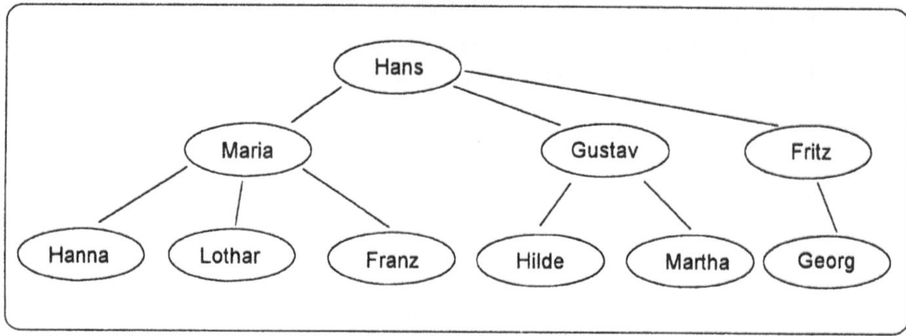

Abb. 70: Familienstammbaum

Datenstrukturen in der im Beispiel angedeuteten Form unterliegen in der Praxis im Wesentlichen den drei typischen Operationen: Suchen, Einfügen und Löschen von Informationen, die in Knoten (oder auch nur in Blättern) gespeichert sind. Die Aufgabe, den Aufwand für diese Operationen zu minimieren, führt zu speziellen Formen von Wurzelbäumen z.B. den sogenannten Schlüsselbäumen. Man geht dabei davon aus, daß die zu speichernden Informationen (in der Regel werden Satzstrukturen zu Grunde liegen) jeweils einen identifizierenden Schlüssel beinhalten, der vollständig (alleine oder mit mehreren anderen Schlüsseln zusammen) in einem Knoten abgespeichert wird. Einen solchen Baum bezeichnet man auch als Sequenzbaum; werden die Schlüssel nur zum Teil in Knoten gespeichert, so spricht man von einem Präfixbaum.

In der Literatur werden die drei genannten Grundoperationen auch als Wörterbuchoperationen bezeichnet; eine Struktur wie den angedeuteten "Schlüsselbaum" nennt man dann zusammen mit entsprechenden Algorithmen für die Wörterbuchoperationen die Implementation eines Wörterbuchs (-> dictionary) [Ottmann 90].

Wie diese und weitere Operationen konkret realisiert werden können, werden wir uns im nächsten Kapitel am Beispiel der binären Schlüsselbäume genauer ansehen.

4.2 Sortierte binäre Schlüsselbäume

4.2.1 Grundlagen - binäre Bäume

Unter den verschiedenartigsten Baumstrukturen werden jetzt die binären Bäume behandelt; dabei gehen wir noch nicht von einer sortierten (geordneten) Speicherung der Datenobjekte aus und studieren nach einer Definition des entsprechenden Datentyps zunächst einige allgemeine Eigenschaften im Hinblick auf die Verarbeitung von binären Baumstrukturen sowie die Umsetzung in Modula-2.

Definition: Sei T ein beliebiger Datentyp für den Knoten einer Baumstruktur. Dann ist der Datentyp **binärer Baum** T' definiert durch die leere Struktur oder die Verknüpfung des Baums T' mit einem linken und rechten Teilbaum vom Typ T' mit Knoten vom Typ T.

Diese rekursive Definition steht in Analogie zur Definition der Sequenz (siehe Kapitel 3.2.1) und läßt offen, in welcher Weise die "Verknüpfung" mit Teilbäumen stattfindet. Da bei der realen Speicherung von binären Bäumen in der Regel mit Verkettung gearbeitet wird, folgt eine diesbezügliche Definition (in Anlehnung an die Darstellung der verketteten Liste):

Definition: Sei T" ein beliebiger Datentyp, der dem Datenteil eines Knotens einer Baumstruktur zugeordnet ist. Sei ferner T' ein Zeigertyp, der den beiden Komponenten des Relationenteils eines jeden Knotens zugeordnet ist. Dann wird mit Hilfe des Satztyps T und des Zeigertyps T', der an T gebunden ist, **ein verketteter binärer Baum** definiert.

T'= Zeiger vom Typ T
T = Satz mit den Komponenten
    datenteil: T"
    (relationenteil mit den Komponenten:)
    linker Nachfolger : T' (gebunden an T)
    rechter Nachfolger : T' (gebunden an T)

Wir zeigen eine solche allgemeine Struktur in der Abbildung 71. Entsprechend der Vorgehensweise bei der verketteten Liste muß für jeden Nachfolger in dieser Struktur das Ende durch den Zeigerwert NIL bestimmt werden. Die Wurzel eines solchen binären Baums (gewissermaßen der Anfang) läßt sich mit Hilfe der Vereinbarung einer "Baumvariablen" (Zeigervariable vom Typ Zeiger, gebunden an die Knotenstruktur T)

Baum : T'

innerhalb eines Programmablaufs ansprechen und entsprechend initialisieren. Die Anweisung Baum := NIL erzeugt z.B. einen leeren Baum der angegebenen Struktur.

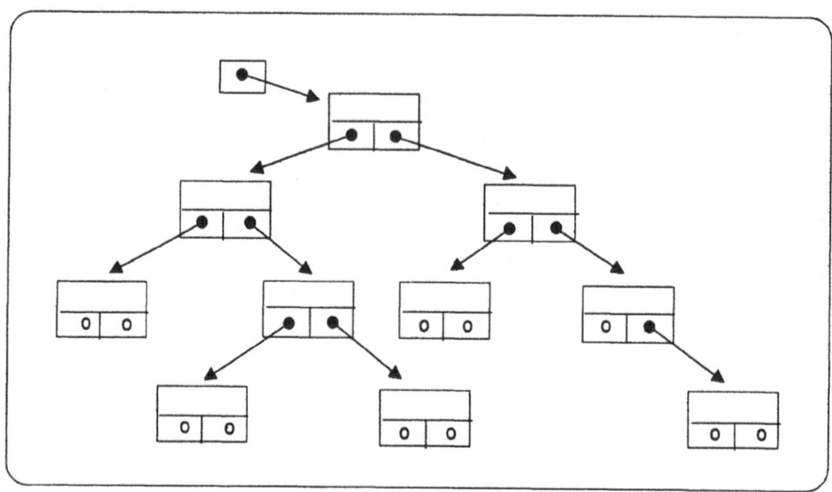

Abb. 71: verketteter binärer Baum

Für die Realisierung von verketteten binären Bäumen in Modula-2 verweisen wir insbesondere auf die im Kap.3 ausführlich beschriebenen Details über Zeiger sowie die damit verbundenen dynamischen Variablen und deren Erzeugung. Die Typdefinition erfolgt durch:

```
TYPE Zeiger = POINTER TO Knoten;
     Knoten = RECORD
                  daten: IrgendeinTyp;
                  linkerNachfolger : Zeiger;
                  rechterNachfolger: Zeiger
              END;
```

Die im letzten Kapitel bereits angesprochenen Grundoperationen Suchen, Einfügen und Löschen sind dann von speziellem Interesse, wenn die in den Knoten eines binären Baumes gespeicherten Schlüssel sortiert sind. Operationen, die unabhängig von einer solchen sortierten Form beachtenswert erscheinen, hängen meist mit dem sukzessiven Durchlaufen (Traversieren) aller Knoten zusammen. Wir beschäftigen uns daher kurz mit diesbezüglichen Methoden - auch stellvertretend für andere weniger gebräuchliche Algorithmen.[44]

Die für eine verkettete Liste triviale Aufgabe, systematisch alle Elemente aufzusuchen (zu durchlaufen), mündet bei einer Baumstruktur in unterschiedliche Vorgehensweisen zur Lösung. Je nachdem welche Knoten man beim Traversieren zuerst berücksichtigen möchte, ergeben sich die folgenden Verfahren:

- Durchlaufen in Präordnung (engl. preorder)
- Durchlaufen in symmetrischer Ordnung (engl. inorder)
- Durchlaufen in Postordnung (engl. postorder)

[44] Für interessierte Leser/innen verweisen wir zum Beispiel auf [Denert 77] oder [Sedgewick 91].

Die Verfahren lassen sich entsprechend ihrer Realisierung am besten rekursiv erklären.

Durchlaufen in Präordnung (WRL) bedeutet:

1. Suche die Wurzel des Baumes auf.
2. Durchlaufe den linken Teilbaum in Präordnung.
3. Durchlaufe den rechten Teilbaum in Präordnung.

Durchlaufen in symmetrischer Ordnung (LWR) bedeutet:

1. Durchlaufe den linken Teilbaum in symmetrischer Ordnung.
2. Suche die Wurzel des Baumes auf.
3. Durchlaufe den rechten Teilbaum in symmetrischer Ordnung.

Durchlaufen in Postordnung (LRW) bedeutet:

1. Durchlaufe den linken Teilbaum in Postordnung.
2. Durchlaufe den rechten Teilbaum in Postordnung.
3. Suche die Wurzel des Baumes auf.

Die drei angegebenen Methoden lassen sich auch auf die spiegelbildliche Vorgehensweise ("rechts vor links") umschreiben; beispielsweise stellt RWL ebenfalls ein Durchlaufen in symmetrischer Ordnung dar (siehe auch Abbildung 73).

Beispiel 1:

Wir betrachten die einfache aber sehr anschauliche Aufgabe, einen arithmetischen Ausdruck als binären Baum darzustellen und zeigen, welche Zeichenfolge sich bei den unterschiedlichen Traversierungen ergibt [Denert 77].

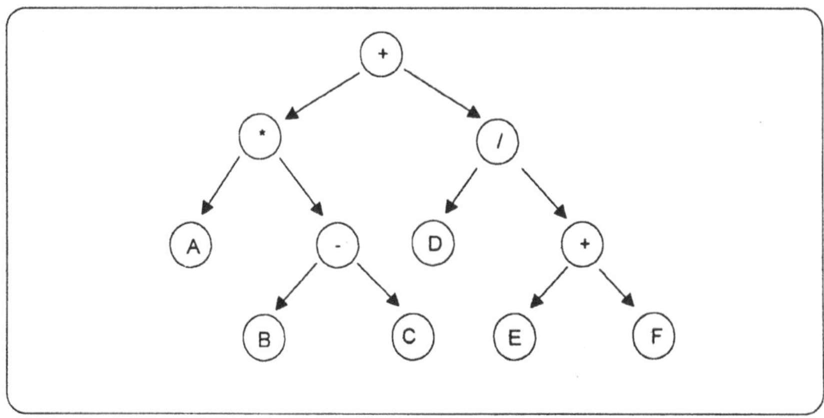

Abb. 72: Baumdarstellung des arithmetischen Ausdrucks A(B-C)+D/(E+F)*

Beim Durchlaufen des binären Baums aus Abbildung 72 erhalten wir

- nach Anwendung von WLR die Folge ++*A-BC/D+EF d.h. die sogenannte Präfixnotation,
- nach Anwendung von LWR die Folge A*B-C+D/E+F und damit die sogenannte Infixnotation (wobei allerdings die Klammern verlorengehen, die man jedoch aus der Baumstruktur rekonstruieren kann),
- nach Anwendung von LRW die Folge ABC-*DEF+/+ also die sogenannte Postfixnotation

des arithmetischen Ausdrucks.[45]

Beispiel 2:

Gegeben ist ein Familienstammbaum in einem binären Wurzelbaum; es sollen die Daten in der in Abbildung 73 dargestellten Weise ausgegeben werden.

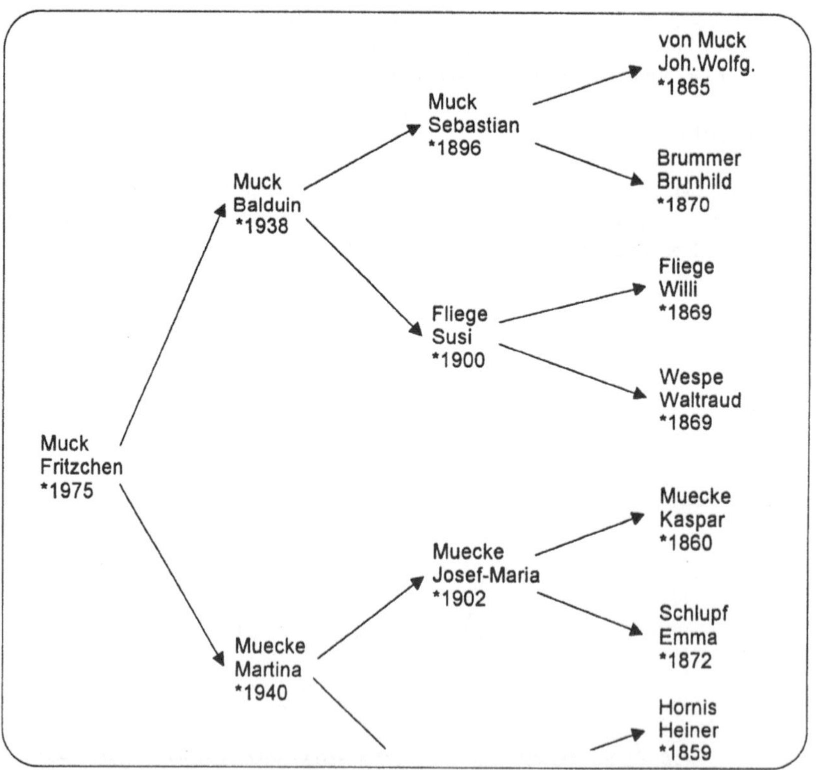

Abb.73 : Auszug aus der Ausgabe eines Familienstammbaums

---

[45] Die letzte Darstellung wird vielen Lesern/innen als polnische Notation von dem Gebrauch eines Taschenrechners vertraut sein.

Die konkrete Realisierung der angegebenen Methoden erfolgt - wie die Beschreibung schon andeutet - mit Hilfe von rekursiven Prozeduren. Wir zeigen dies exemplarisch durch die Lösung für die Aufgabe des Beispiels 2 in Form eines Modula-2-Programms. Wir geben dabei nur die zum Verständnis notwendigen Vereinbarungen und Anweisungen an, für das vollständige Beispiel verweisen wir auf die Begleitdiskette. Es ist offensichtlich, daß die gewünschte Ausgabe durch eine RWL - Traversierung erreicht wird (Abbildung 74):

```
MODULE STAMM;
FROM IO IMPORT WrStr, WrCard, WrLn;
FROM Storage IMPORT ALLOCATE;
TYPE Zeiger = POINTER TO Person;
   Person = RECORD
                    Zuname, Vorname : ARRAY[1..10] OF CHAR;
                    Vater, Mutter   : Zeiger;
                    Jahr : [1..2000]
            END;
VAR  Wurzel : Zeiger;
PROCEDURE AUSGABE(Z:Zeiger; G:CARDINAL);
VAR I: CARDINAL;
BEGIN
 IF Z <> NIL
  THEN
   WITH Z^ DO
     AUSGABE (Vater, G+1);
      FOR I:= 1 TO G DO WrStr("        ");END; WrStr(Zuname);WrLn;
      FOR I:= 1 TO G DO WrStr("        ");END;  WrStr(Vorname);WrLn;
      FOR I:= 1 TO G DO WrStr("        ");END;   WrCard(Jahr,4);WrLn;
     AUSGABE (Mutter, G+1);
   END;
  ELSE
   WrLn; FOR I:= 1 TO G DO WrStr("        ") END;  WrLn; WrLn
 END;
END AUSGABE;
BEGIN

  (*hier stehen z.B. die Anweisungen für die Eingabe des
   Stammbaums; der gesamte Baum ist dann über den Wurzel-
   zeiger "Wurzel" referenzierbar*)

  AUSGABE( Wurzel, 0)
END STAMM.
```

Abb. 74: Ausgabe eines Stammbaums (RWL - Traversierung)

4.2.2 Operationen auf sortierten binären Schlüsselbäumen

Wir wollen nun die bisher besprochenen Strukturen noch mehr einschränken und gehen davon aus, daß der Binärbaum geordnet ist; als Ordnungskriterium verwenden wir Schlüsselinformationen, die Schlüssel seien vollständig in den entsprechenden Knoten gespeichert: damit wird der Baum zu einem sortierten binären Schlüsselbaum. Zur besseren Übersicht geben wir hier noch einmal eine korrekte Definition:

Definition: Ein **sortierter binärer Schlüsselbaum** (Suchbaum, abgekürzt auch SBS) ist ein Sequenzbaum der Ordnung 2. Für die Knoten gelten die folgenden Vereinbarungen:

1. Jeder Knoten enthält genau einen Schlüssel.
2. Für jeden Knoten w mit mindestens einem Nachfolger gilt, daß alle Schlüssel des linken Teilbaums kleiner sind als die Schlüssel des rechten Teilbaums und des Knotens w; weiter gilt, daß alle Schlüssel des rechten Teilbaums größer sind als der Schlüssel des Knotens w. In diesem Fall spricht man von einem Schlüsselbaum mit "Kleiner"-Relation (in ähnlicher Weise kann man die Definition für eine "Größer"-Relation angeben).

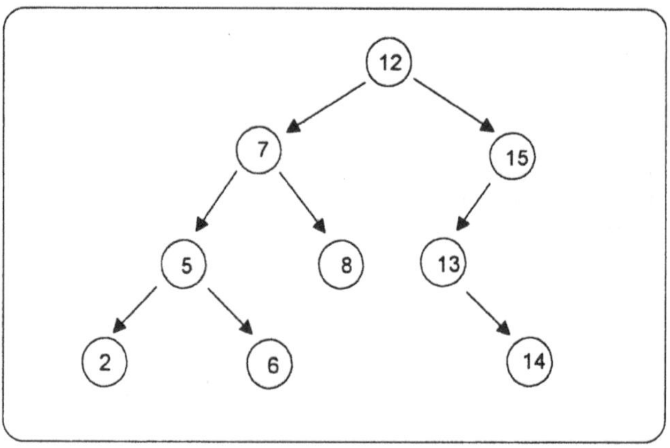

Abb.75 : Sortierter binärer Schlüsselbaum

Wie man aus dem Beispiel der Abbildung 75 erkennt, könnte eine Definition für einen SBS im Zusammenhang mit den weiter oben beschriebenen Traversierungsmethoden auch in der folgenden Weise angegeben werden: Ein Sequenzbaum der Ordnung 2 heißt SBS mit "Kleiner"-Relation bzw. "Größer"-Relation, wenn beim Durchlaufen in symmetrischer Ordnung die Knoten-Schlüssel in der durch die jeweilige Relation gegebenen Reihenfolge aufgesucht werden. So ergibt sich im obigen Beispiel : 2 5 6 7 8 12 13 14 15.

Wir kommen nun zu den mehrfach angesprochenen Standardoperationen für binäre Suchbäume. Zunächst weisen wir darauf hin (und zeigen es in der folgenden Abbildung durch zwei extreme Situationen), daß eine SBS-Struktur für die gleiche Schlüsselmenge völlig unterschiedlich gestaltet sein kann: entscheidend für die Höhe oder etwa die Vollständigkeit des Baums ist die Reihenfolge der Einfügung bei der Generierung (siehe Abbildung 76):

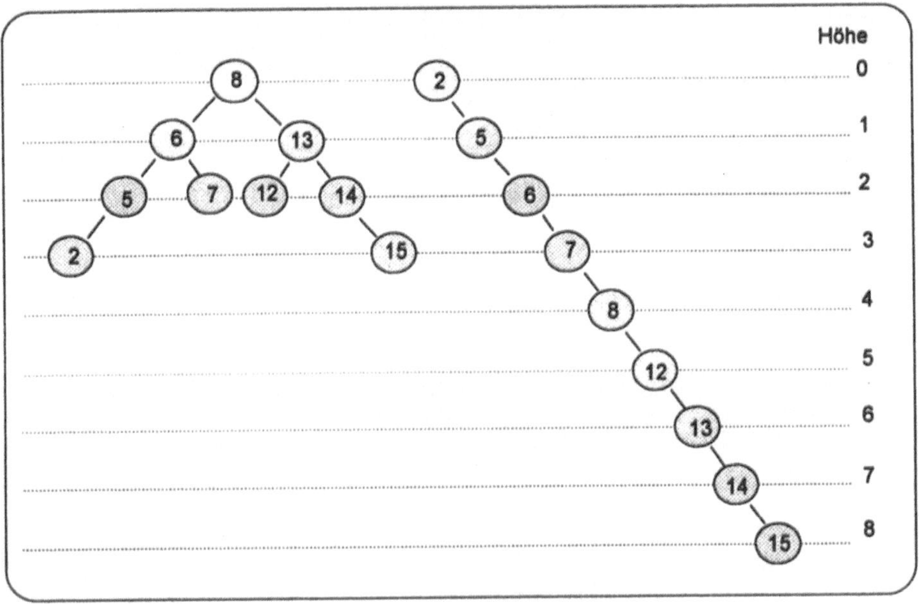

Abb.76 : Extrem gegensätzliche Darstellungen binärer Schlüsselbäume

Für die beiden Darstellungen der Abbildung 76 gelten die Aussagen:

- Die links gezeichnete Struktur stellt einen "optimalen" Baum mit der Höhe 3 dar, wobei der Begriff *optimal* noch zu erläutern ist.
- Die rechts wiedergegebene Struktur kann man als entarteten Baum (lineare Liste der Höhe 8) bezeichnen.

Es ist offensichtlich, daß die Operationen Suchen, Einfügen und Löschen von den strukturellen Eigenschaften abhängen; so kann man leicht einsehen, daß bei einem vollständigen Suchbaum der Höhe n die Anzahl der Vergleiche für einen Suchprozeß gleich der Größe $\log_2 n + 1$ ist. Da ein vollständiger Baum nur in Ausnahmefällen erreicht wird (siehe Definition in 4.1), stellt sich die Frage, welche Darstellung man bei einer gegebenen Schlüsselanzahl n als optimal bezeichnen soll:

Definition: Ein sortierter binärer Schlüsselbaum heißt **ausgeglichen**, wenn die Differenz der Höhen der linken und rechten Teilbäume aller Knoten <= 1 ist.

Für einen ausgeglichenen binären Suchbaum der Höhe n gilt eine Suchzeit von $O(\log_2 n)$.

Weitere ausgezeichnete Darstellungen orientieren sich an dem Begriff der mittleren Weglänge Mwl eines Baumes:

Sie wird definiert mit Hilfe der Gesamtweglänge Gwl

$$Gwl = \sum_{i=0}^{h} i \times n_i$$ h: Höhe, n_i: Anzahl der Knoten der Höhe i

durch die übliche Mittelwertbildung

$$Mwl = \frac{1}{n} \times Gwl.$$

Zur Verdeutlichung der soeben definierten Begriffe schauen wir uns die Darstellungen in den Abbildungen 75 und 76 noch einmal an und erhalten folgende Aussagen:

- Der Baum in Abbildung 75 ist nicht ausgeglichen (die Höhendifferenz im Knoten 15 beträgt 2), seine mittlere Weglänge errechnet sich zu 1.888... .
- Der linke Baum der Abbildung 76 ist ausgeglichen mit einer mittleren Weglänge von 1.777... .

Die Antwort auf die Fragen, wie man bei einer bekannten, zeitlich unabhängigen Schlüsselmenge ausgeglichene Bäume oder Strukturen mit minimaler mittlerer Weglänge erhält, werden wir hier nicht beantworten. Gleichwohl gibt es dafür eine Reihe von Algorithmen, die auch durch ein sogenanntes "Balancieren" beim Einfügen von neuen Elementen die möglicherweise gestörte Ausgeglichenheit wieder herstellen.[46]

Schließlich kommen wir zum Abschluß dieses Kapitels zu den vergleichsweise leicht zu realisierenden Grundoperationen. Suchprozeß und Einfügung sind mit Hilfe von einfachen rekursiven Prozeduren implementierbar, ein Beispiel dafür findet sich im Kapitel 4.3. innerhalb des Quellcodes zur Klassenimplementierung eines SBS. Für das Löschen von Knoten wurden in der Literatur verschiedene Vorschläge gemacht. Um das Problem bewußt zu machen, zeigen wir die dabei auftretenden Situationen an Hand von kleinen Graphiken (siehe Abbildung 77); die Darstellung orientiert sich dabei an [Noltemeier 82].

---

[46] Zu diesem Komplex gibt es eine umfangreiche Spezialliteratur. Stellvertretend sei verwiesen auf [Gonnet 91] und [Mehlhorn 88].

1. Zu löschendes Element L ist Blatt: Entferne Blatt

2. Zu löschendes Element L hat genau einen Nachfolger N:
Ersetze L durch Nachfolger N

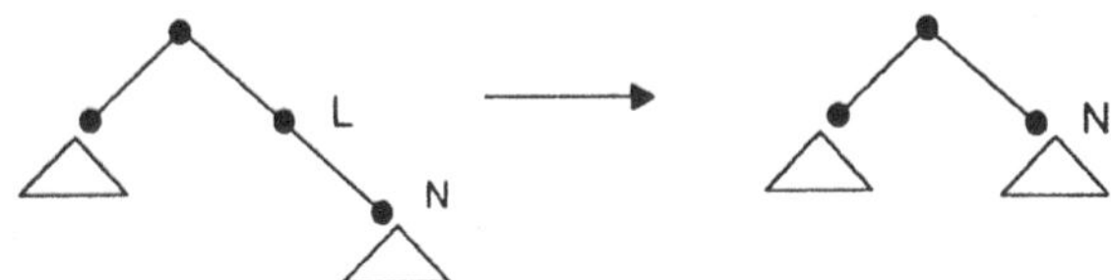

3. Zu löschendes Element L hat 2 Nachfolger Nl und Nr:
Methode1: Ersetze L durch den linken Nachfolger Nl und mache den rechten Nachfolger Nr zum rechten Nachfolger des am weitesten rechts liegenden Elements R des linken Teilbaums von L

Methode2: Ersetze L durch das am weitesten rechts liegende Element R des linken Teilbaums von L (= größter linker Nachfolger)

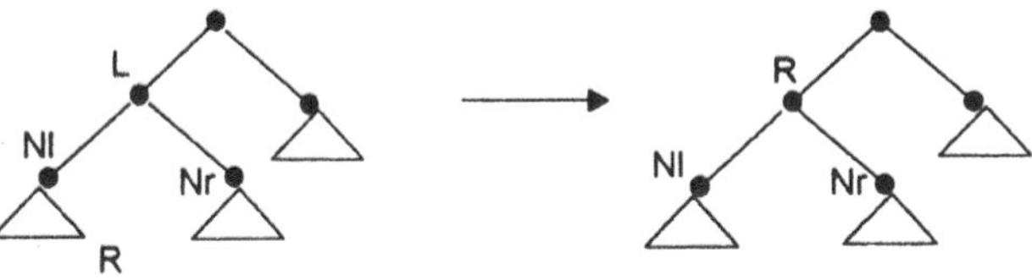

Abb.77 : Löschsituationen bei binären Schlüsselbäumen

Wir überlassen es unseren Lesern/Leserinnen, als Übungsbeispiel die graphisch angedeuteten Konstellationen in ein Modula-2-Programm zu übertragen - konventionell oder besser gleich im objektorientierten Rahmen! (Ein Hinweis sei gestattet: Man löse zunächst das Problem, den größten linken Nachfolger bzw. kleinsten rechten Nachfolger zu bestimmen.)

4.3 Datenstruktur "Baum" objektorientiert

Auch bei den Darstellungen in den Kapiteln 4.1 bis 4.2 sind wir stets sehr elementar vorgegangen - auch hier haben wir zunächst einmal so getan, als ob es die Objektorientierung bei Baumstrukturen gar nicht gäbe. Aber auch hier lassen sich die Grundstrukturen ausgesprochen gut als Klassen definieren und geschickt für die objektorientierte Anwendungsentwicklung nutzen. So können wir einen sortierten binären Schlüsselbaum[47] in folgender Klasse definieren (Abbildung 78):

```
DEFINITION MODULE BAUM;
  TYPE ElementPtrTyp = POINTER TO Element;
  CLASS Element;
    left, right : ElementPtrTyp;
    VIRTUAL PROCEDURE Print;
    VIRTUAL PROCEDURE LessThan    (Ptr:ElementPtrTyp):BOOLEAN;
    VIRTUAL PROCEDURE GreaterThan (Ptr:ElementPtrTyp):BOOLEAN;
    VIRTUAL PROCEDURE DuplikatBehandlung;
  END Element;

  CLASS Baum;
    Wurzel : ElementPtrTyp;
    PROCEDURE Init;
    PROCEDURE Insert (VAR E:Element);
    PROCEDURE Browse;
  END Baum;
END BAUM.
```

Abb. 78: Klassendefinition Baum

Wer aufmerksam die objektorientierte Entwicklung der linearen Datenstrukturen verfolgt hat, muß jetzt feststellen, daß mit der Implementation von Baumstrukturen wiederum Neues auf ihn zukommt.

- Da Baum eine nichtlineare Struktur ist, kommen wir mit einem Zeiger nicht mehr aus. Benötigt wird der Verweis auf den linken (left) und den rechten (right) Teilbaum innerhalb jeder Komponente.

- Da Baum (als **sortierter** Baum) alle Komponenten stets in bestimmter Anordnung speichert, braucht er auch Wissen über das Sortierkriterium. Da dieses innerhalb der Basisklasse jedoch noch nicht bekannt ist, muß es als virtuelle Methode(n) "nachgeschoben" werden. Hierzu dienen die Funktionen LessThan und GreaterThan.

- Was bei Speicherung eines Duplikats zu geschehen hat, hängt von der Anwendung ab - also ist auch hierfür eine virtuelle Methode vonnöten.

---

47 Der Einfachheit halber bezeichnen wir hier und im folgenden Kapitel den sortierten binären Schlüsselbaum als "Baum".

- Die Klasse Baum enthält im Prinzip nur alte Bekannte: Die Methoden Init, Insert und Browse stellen einen Minimalsatz an Aktionen bereit - auf das Löschen von Komponenten haben wir hier ganz verzichtet.

Damit können wir uns dem Implementationsmodul widmen (Abbildung 79):

```
IMPLEMENTATION MODULE BAUM;
FROM Storage IMPORT ALLOCATE;
FROM Lib        IMPORT Move;

CLASS IMPLEMENTATION Element;
   VIRTUAL PROCEDURE Print;
   BEGIN END Print;

   VIRTUAL PROCEDURE LessThan (Ptr:ElementPtrTyp):BOOLEAN;
    BEGIN
        RETURN TRUE
    END LessThan;

   VIRTUAL PROCEDURE GreaterThan (Ptr:ElementPtrTyp):BOOLEAN;
   BEGIN
        RETURN TRUE
   END GreaterThan;

   VIRTUAL PROCEDURE DuplikatBehandlung;
   BEGIN END DuplikatBehandlung;

BEGIN END Element;

CLASS IMPLEMENTATION Baum;
   PROCEDURE Init;
   BEGIN
     Wurzel := NIL;
   END Init;

   PROCEDURE Insert (VAR E:Element);
      PROCEDURE Einfuegen (VAR Current   : ElementPtrTyp);
      BEGIN
        IF Current = NIL
          THEN ALLOCATE (Current, SIZE (E));
                  Move (ADR (E), Current, SIZE (E));
                  Current^.left  := NIL;
                  Current^.right := NIL
          ELSE IF E.LessThan (Current)
                     THEN Einfuegen (Current^.left)
                     ELSE IF E.GreaterThan (Current)
                                THEN Einfuegen (Current^.right)
                                 ELSE Current^.DuplikatBehandlung
                            END (* If *)
                  END (* If *)
        END (* If *)
      END Einfuegen;
   BEGIN
     Einfuegen (Wurzel)
   END Insert;
```

```
  PROCEDURE Browse;
    PROCEDURE BaumAnzeigen (Current:ElementPtrTyp);
    BEGIN
      IF Current = NIL
        THEN
        ELSE BaumAnzeigen (Current^.left);
               Current^.Print;
               BaumAnzeigen (Current^.right)
      END (* If *)
    END BaumAnzeigen;
  BEGIN
    BaumAnzeigen (Wurzel)
  END Browse;

 BEGIN END Baum;
BEGIN END BAUM.
```

Abb. 79: Klassenimplementation Baum

Der Implementationsmodul macht regen Gebrauch von rekursiven Ablaufstrukturen - wir haben ja bereits auf die Synchronität von (rekursiven) Daten- und Ablaufstrukturen hingewiesen. Sowohl das Einfügen einer Komponente wie auch die Anzeige aller Komponenten läßt sich naheliegend rekursiv im Ablauf darstellen. Mehr gibt es zur Abbildung 79 nicht zu sagen; schließlich handelt es sich nur um die Implementation der Grundsätze aus den Kapiteln 4.1 und 4.2. Richtig interessant wird es erst mit der Gestaltung einer Anwendung:

Beispiel:

Eine beliebige Anzahl ganzer Zahlen soll in einem Baum gespeichert und am Bildschirm wieder ausgegeben werden (Abbildung 80):

```
MODULE BaumHp;
FROM IO      IMPORT WrInt;
FROM BAUM    IMPORT Element, ElementPtrTyp, Baum;

TYPE  DataTyp       = INTEGER;
      UserPtrTyp    = POINTER TO UserElement;

CLASS UserElement (Element);
  Data     : DataTyp;

  VIRTUAL PROCEDURE Print;
  VIRTUAL PROCEDURE LessThan    (Ptr:ElementPtrTyp):BOOLEAN;
  VIRTUAL PROCEDURE GreaterThan (Ptr:ElementPtrTyp):BOOLEAN;
  PROCEDURE Set (D:DataTyp);
END UserElement;
```

```
CLASS IMPLEMENTATION UserElement;
  VIRTUAL PROCEDURE Print;
  BEGIN
    WrInt (Data, 6)
  END Print;

  VIRTUAL PROCEDURE LessThan (Ptr:ElementPtrTyp):BOOLEAN;
  BEGIN
    RETURN Data < (Ptr::UserPtrTyp)^.Data
  END LessThan;

  VIRTUAL PROCEDURE GreaterThan (Ptr:ElementPtrTyp):BOOLEAN;
  BEGIN
    RETURN  Data > (Ptr::UserPtrTyp)^.Data
  END GreaterThan;

  PROCEDURE Set (D:DataTyp);
  BEGIN
    Data := D
  END Set;

 BEGIN END UserElement;

VAR  MeinBaum   : Baum;
      EinElement : UserElement;
BEGIN
  MeinBaum.Init;

  EinElement.Set (27);  MeinBaum.Insert (EinElement);
  EinElement.Set (10);  MeinBaum.Insert (EinElement);
  EinElement.Set (207); MeinBaum.Insert (EinElement);
  EinElement.Set (-27); MeinBaum.Insert (EinElement);

  MeinBaum.Browse
END BaumHp.
```

Abb. 80: Anwendung Baum

Einiges Grundsätzliches läßt sich diesem Beispiel entnehmen:

- Die Programmierung des wirklichen Sortierkriteriums wird zur Falle; da einerseits irgendein Attribut einer Instanz der Subklasse von Element mit einem anderen verglichen werden muß und andererseits die Schnittstelle der Methoden LessThan/GreaterThan lediglich den Zeigertyp aus der Basisklasse kennt, muß eine gezielte Typanpassung vorgenommen werden. Diese Aufgabe übernimmt der eigens mit der objektorientierten Erweiterung von TopSpeed-Modula hinzugefügte Typanpassungsoperator ("Checked Guard Operator", "::"):

```
(a :: b)
```

Dabei ist a eine Zeigervariable und b ist ein Zeigertyp (üblicherweise Zeigertyp auf eine Klasse). Die ihnen zugrundeliegenden Datenstrukturen sind Klassen, die in einer

Hierarchie zueinander stehen. Einfach gesagt: Der Zeiger a wird in den Typ b konvertiert. Also: Die Typanpassung

```
Data < (Ptr::UserPtrTyp)^.Data
```

sorgt dafür, daß innerhalb der Methoden LessThan/GreaterThan der Gültigkeitsbereich des Zeigers Ptr (Basisklasse Element) auf die Subklasse UserElement erweitert wird. Und dann kann man auch sein Attribut Data ansprechen[48].

- Dieser Typanpassungs-Mechanismus funktioniert sinnvoll nur bei Zeigertypen als Parameter. Obwohl die aktuelle Modula-Implementation an dieser Stelle auch Klassennamen zuläßt, ist von der Benutzung aufgrund beschränkter Reichweite abzuraten.

- Die Duplikatbehandlung in diesem Beispiel schenken wir uns. Genauer: Da die Subklasse UserElement keine spezielle Methode DuplikatBehandlung enthält, erbt sie die Methode DuplikatBehandlung aus der Basisklasse Element. Und die ist nun ausgesprochen faul: sie tut reinweg gar nichts.

Das Übersichtsdiagramm (Abbildung 81) zeigt, daß unsere Klassenhierarchie wieder sehr einfach geworden ist (und das ist ganz im Sinne der Objektorientierung):

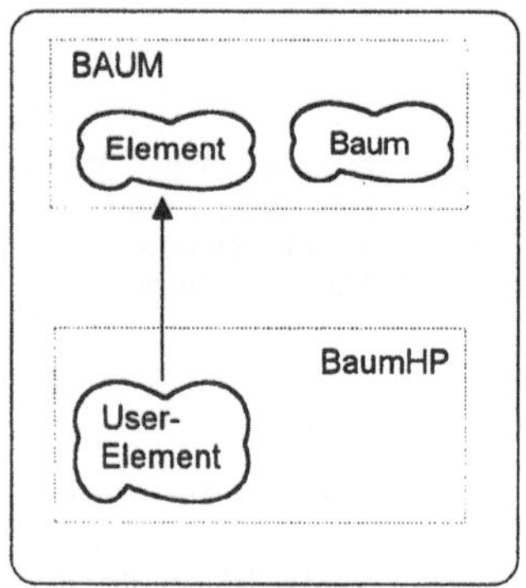

Abb. 81: Klassenübersicht Baum

Dennoch bleibt ein etwas schales Gefühl: ein wirklicher Vorteil der Anwendung objektorientierter Programmierung ist bei den nichtlinearen dynamischen Strukturen noch nicht erkennbar. Daher treten wir stante pede den Beweis an, daß mit geringem Aufwand relativ komplexe Anwendungen sicher entwickelt werden können (siehe nächstes Kapitel).

---

[48] Wer's nicht glaubt, der sollte mit dem Debugger von TopSpeed-Modula einen konkreten Datenbestand einmal erforschen!

4.4 Anwendung: Register

In Kapitel 3.3 haben wir eine Datenstruktur ansatzweise diskutiert, mit der Wissen über Autoren und ihre Bücher gespeichert werden kann. In diesem Kapitel wollen wir eine ähnliche Datenstruktur für einen anderen Zweck aufbauen: ein Register zur Erzeugung eines Stichwortverzeichnisses. Und zwar wollen wir hierfür

- einen **Baum** zur Speicherung der Stichwörter und
- pro Stichwort eine **Schlange** zur Speicherung der Seitenreferenzen benutzen.

Beginnen wir diesmal mit der Klassenübersicht (Abbildung 82):

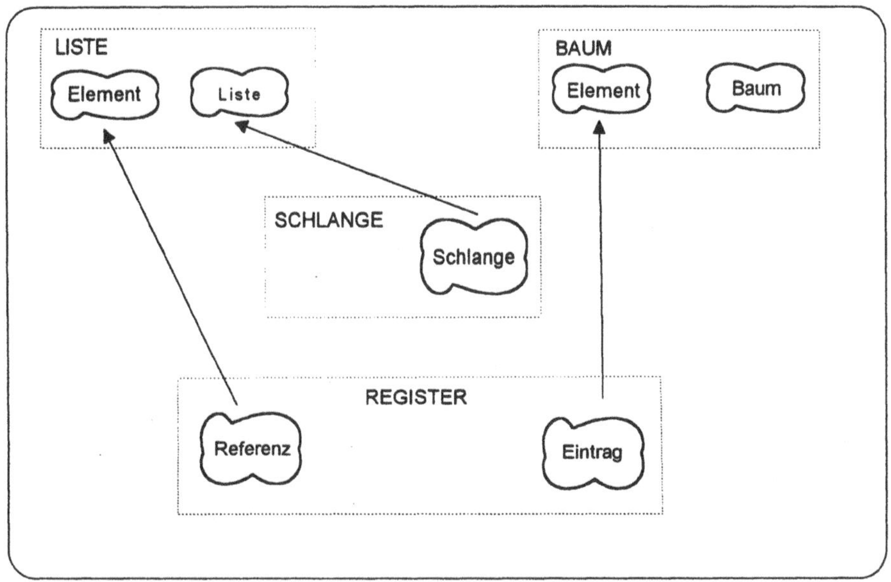

Abb. 82: Klassenübersicht Anwendung Register

Keine Sorge; das Diagramm sieht komplizierter aus, als es ist! Register[49] hat folgende Charakteristika:

- Ein Register ist eine Instanz von Baum, dessen Komponenten Objekte der Klasse Eintrag sind.
- Jeder Eintrag enthält neben dem Stichwort eine Liste (genauer: Schlange) aller Seitenreferenzen (= Objekte der Klasse Schlange, deren Elemente Objekte der Klasse Referenz sind).
- Die Methode Set aus der Klasse Eintrag besetzt nicht nur das Attribut Stichwort, sondern erzeugt auch das erste Element der Referenzen-Liste.

---

[49] Vorsicht Falle! Gemeint ist hier nicht der Modul REGISTER sondern die Datenstruktur Register als Objekt.

- Und nun das größte Problem: Wie kann der Baumverwaltung die Verwaltung der Referenzliste "untergeschoben" werden? Die Lösung ist:
  (1) Falls das Stichwort neu ist, leistet die Kopierprozedur Move den Übertrag des Kopfzeigers der Referenzenliste implizit.
  (2) Falls das Stichwort bereits verzeichnet ist, löst eine redefinierte Methode DuplikatBehandlung das Problem.
- Für die virtuellen Methoden LessThan/GreaterThan sind wiederum Typanpassungen nötig (siehe Kapitel 4.3).
- Die gesamte Ausgabe des Registers führt die ererbte Methode Browse zusammen mit den redefinierten Print-Methoden durch. Hier ist keinerlei spezielle Ablauf-Entwicklung nötig.

Der Anwendungsmodul REGISTER hat danach folgendes Aussehen (Abbildung 83):

```
MODULE REGISTER;
IMPORT LISTE, BAUM, Str;
FROM IO IMPORT WrCard, WrStr, WrChar, WrLn;
TYPE  ReferenzPtrTyp = POINTER TO Referenz;

CLASS Referenz (LISTE.Element);
   SeitenNr : CARDINAL;
   VIRTUAL PROCEDURE Print;
   PROCEDURE Set (D:CARDINAL);
END Referenz;

CLASS IMPLEMENTATION Referenz;
  VIRTUAL PROCEDURE Print;
  BEGIN
     WrCard (SeitenNr, 5)
  END Print;

  PROCEDURE Set (D:CARDINAL);
  BEGIN
    SeitenNr := D
  END Set;
 BEGIN END Referenz;

CONST maxIndex = 30;
TYPE  StichwortIndexTyp = [0..maxIndex];
         StichwortTyp    = ARRAY StichwortIndexTyp OF CHAR;
         EintragPtrTyp   = POINTER TO Eintrag;

CLASS Eintrag (BAUM.Element);
   Stichwort : StichwortTyp;
   Referenzen: LISTE.Liste;
   VIRTUAL PROCEDURE Print;
   VIRTUAL PROCEDURE LessThan (Ptr:BAUM.ElementPtrTyp):BOOLEAN;
   VIRTUAL PROCEDURE GreaterThan (Ptr:BAUM.ElementPtrTyp):BOOLEAN;
   VIRTUAL PROCEDURE DuplikatBehandlung;
   PROCEDURE Set (D:StichwortTyp; S:CARDINAL);
END Eintrag;
```

```
VAR CurrEntry : Eintrag;

CLASS IMPLEMENTATION Eintrag;
  VIRTUAL PROCEDURE Print;
  VAR i : StichwortIndexTyp;
  BEGIN
    WrStr (Stichwort); WrChar (" ");
    FOR i := 1 TO maxIndex - Str.Length (Stichwort) DO  WrStr (".")  END;
    Referenzen.Browse; WrLn
  END Print;

  VIRTUAL PROCEDURE LessThan (Ptr:BAUM.ElementPtrTyp):BOOLEAN;
  BEGIN
    RETURN Str.Compare (Stichwort,(Ptr::EintragPtrTyp)^.Stichwort) = -1
  END LessThan;

  VIRTUAL PROCEDURE GreaterThan (Ptr:BAUM.ElementPtrTyp):BOOLEAN;
  BEGIN
    RETURN Str.Compare (Stichwort,(Ptr::EintragPtrTyp)^.Stichwort) = +1
  END GreaterThan;

  VIRTUAL PROCEDURE DuplikatBehandlung;
  VAR CurrentReferenz : Referenz;
  BEGIN
    CurrentReferenz.Set ((CurrEntry.Referenzen.Head::ReferenzPtrTyp)^.SeitenNr);
    Referenzen.Push (CurrentReferenz)
  END DuplikatBehandlung;

  PROCEDURE Set (D:StichwortTyp; S:CARDINAL);
  VAR NewReferenz : Referenz;
  BEGIN
    Stichwort := D;
    Referenzen.Create;
    NewReferenz.Set (S);
    Referenzen.Push (NewReferenz)
  END Set;
 BEGIN END Eintrag;

VAR   Register : BAUM.Baum;

BEGIN
  Register.Init;
  CurrEntry.Set ("Datenstrukturen", 1);    Register.Insert (CurrEntry);
  CurrEntry.Set ("objektorientiert", 1);   Register.Insert (CurrEntry);
  CurrEntry.Set ("Modula-2", 1);           Register.Insert (CurrEntry);
  CurrEntry.Set ("objektorientiert", 2);   Register.Insert (CurrEntry);
  CurrEntry.Set ("objektorientiert", 27);  Register.Insert (CurrEntry);
  CurrEntry.Set ("Modula-2", 27);          Register.Insert (CurrEntry);
  CurrEntry.Set ("Modula-2", 29);          Register.Insert (CurrEntry);
  Register.Browse
END REGISTER.
```

Abb. 83: Anwendungsmodul zu Register

Dieses Anwendungssystem REGISTER ist natürlich nur ein Prototyp für ein wirklich brauchbares System. Wendet man es unverändert an, so erzeugt es folgende Ausgabe auf dem Bildschirm (Abbildung 84):

Datenstrukturen	1		
Modula-2	29	27	1
mit	1		
objektorientiert	27	2	1

Abb. 84: Ablaufausgabe von Register

Will man dagegen REGISTER produktiv für sich einsetzen, muß man noch einiges hinzufügen:

- Für die Eingabe der Daten ist eine Schnittstelle zu Sequenzen zu gestalten; dies erfordert zunächst die Definition einer geeigneten Steuersprache.
- Die Ausgabe der Daten im Prototyp genügt höheren Ansprüchen nicht. Hier wären z.B. Teilüberschriften oder Kommatrennungen bei den Referenzen zu ergänzen.

4.5 Vielwegbäume

In den letzten drei Kapiteln haben wir ausschließlich binäre Bäume besprochen, die Praxis verlangt dagegen in der Anwendungsprogrammierung aber auch in der Systemprogrammierung nach Strukturen, in denen ein Knoten eines Baums mehr als nur zwei Nachfolger haben kann. Als Beispiel nennen wir zunächst aus dem täglichen Leben die Umkehrung des Familienstammbaums: Will man statt der Vorfahren die Nachkommenschaft in einem Baum darstellen, so benötigt man (auch im Zeitalter der vorsichtigen Familienplanung) sicher mehr als zwei "Knoten" zur "Speicherung" der Kinder.

Andererseits fordern auch Aufgabenstellungen aus der Informatik selbst eine Beschäftigung mit Vielwegstrukturen. Bei großen Datenmengen zum Beispiel werden die Knoten aus Speicherplatzgründen auf Peripheriespeichern abgelegt, und hier spielen dann schon auch die Zugriffszeiten eine entscheidende Rolle: Bei Verwendung eines binären Suchbaums sind bei einer Menge von ca. 10^6 Elementen im Mittel $\log_2 10^6 \sim 20$ Suchschritte und damit Zugriffe auf Externspeicher notwendig, um an ein gewünschtes Element zu gelangen. Dies ist auch bei "schnellen" Peripheriespeichern für eine entsprechende Anwendung nicht zu vertreten. Vielwegstrukturen schaffen hier Abhilfe. Man teilt zum Beispiel einen ursprünglich gegebenen binären Schlüsselbaum in physikalische Teilblöcke auf und zwar so, daß beim Durchlauf durch den Baum möglichst wenig Blöcke vom Hintergrundspeicher gelesen werden müssen. Demonstriert wird diese Vorgehensweise an dem Beispiel in Abbildung 85:

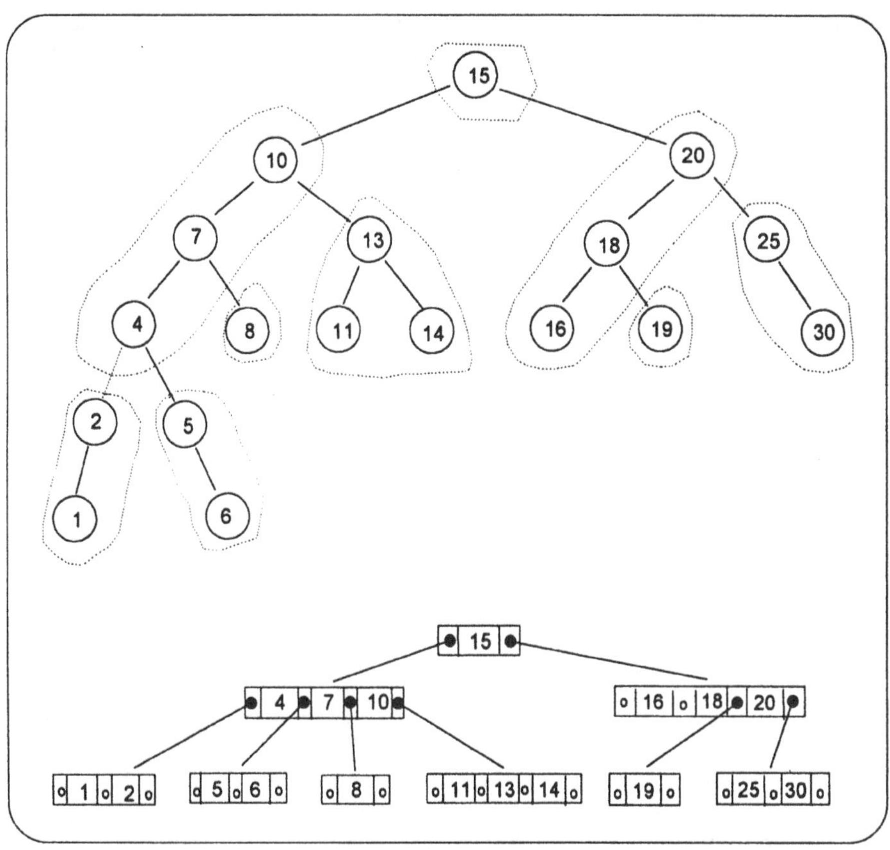

Abb.85 : Übergang vom binären Schlüsselbaum zum Vielwegbaum

Welche Möglichkeiten es insgesamt gibt, um das soeben angesprochene Problem zu lösen, werden wir in dem separaten Kapitel über Speicherorganisationen zusammenstellen.

Einer der ersten Ansätze zur systematischen Behandlung von Vielwegstrukturen stammt von R. Bayer und E. McCreight aus dem Jahre 1970 [Bayer 72] und führt in Anlehnung an einen der beiden Autoren zu der Bezeichnung <u>B-Baum</u>. Da solche B-Baum-Strukturen und Varianten davon für die Praxis der Datenhaltung bis heute eine sehr hohe Bedeutung haben, geben wir die entsprechende Definition und erläutern dazu die gebräuchlichsten Arbeitsschritte.

Wir gehen aus von dem in der Einleitung zu Kap.4 erwähnten Sequenzbaum und definieren:

Definition: Ein Sequenzbaum wird **sortierter Schlüsselbaum** genannt, wenn die Schlüssel in jedem Knoten sortiert sind und wenn für jeden Knoten w mit benachbarten Nachfolgern u (links) und v (rechts) folgende Eigenschaften gegeben sind:

1. Der größte Schlüssel in u ist kleiner als der kleinste Schlüssel in v (max(u) < min(v)).
2. Für jeden Schlüssel s aus w gilt: s > max(u) oder s < min (u).
3. Es gibt einen Schlüssel s aus w, für den gilt: s > max(u) und s < min(v).

Wir schauen uns den Vielwegbaum in der Abbildung 85 an und erkennen, daß er die geschilderten Eigenschaften erfüllt und damit ein sortierter Schlüsselbaum ist. Wir sehen jedoch gleichzeitig, daß hier noch keine im Sinn der Zugriffsminimierung optimale Gestalt erreicht ist, bei kompakterer Speicherung in den zur Verfügung stehenden Knoten wird dies möglich:

Definition: Ein Wurzelbaum wird **B-Baum der Ordnung k** (k aus **IN**) genannt, wenn folgende Eigenschaften erfüllt sind:

1. Der Baum ist ein sortierter Schlüsselbaum.
2. Jeder Knoten enthält höchstens 2*k Schlüssel.
3. Jeder Knoten außer der Wurzel enthält mindestens k Elemente.
4. Jeder Knoten ist entweder Blatt oder er hat genau m+1 Nachfolger, wobei m die aktuelle Anzahl der gespeicherten Schlüssel darstellt
(k <= m <= 2*k, bzw. bei der Wurzel 1 <= m <= 2*k).
5. Alle Blätter liegen auf der gleichen Höhenstufe.

Betrachten wir wieder den Baum aus Abbildung 85, so wird klar, daß hier bei der einzig sinnvollen Annahme k = 2 die Eigenschaften 3 und 4 verletzt sind; die Struktur stellt somit noch keinen B-Baum dar. Bevor wir auf die programmtechnische Realisierung von B-Bäumen und die einfachen Operationen eingehen, zeigen wir, daß andere Speicherungsformen in dem angegebenen Beispiel durchaus einem korrekten B-Baum entsprechen können(siehe Abbildung 86):

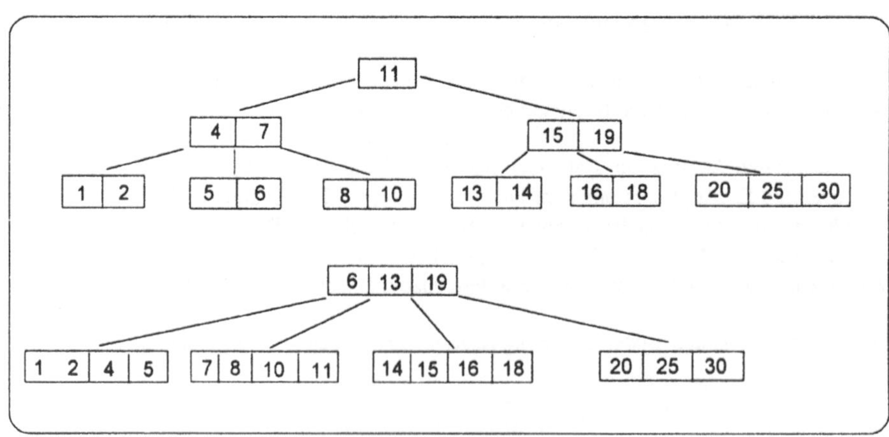

Abb.86 : B-Bäume der Ordnung 2

Bei der Realisierung eines Datentyps B-Baum von der Ordnung k in Modula-2 kann man die einzelnen Knoten mit Hilfe von Zeigern verketten, innerhalb eines Knotens bietet sich eine Reihe an (statische, homogene und lineare Struktur). Damit ergibt sich zum Beispiel die in Abbildung 87 gezeigte Typdefinition.

```
CONST   k  = (* hier steht die Ordnung des B Baums *)
        kk  = 2*k;
TYPE Zeiger  = POINTER TO Knoten;
        Element = RECORD
                        s: CARDINAL;            (* Schlüssel *)
                        z: Zeiger;            (* Nachfolger *)
                        d: Irgendeintyp;            (* Daten *)
                        END;
        Knoten  = RECORD
                        m: [0..kk];
                        zl: Zeiger;            (* Nachf.Links *)
                        Reihe: ARRAY [1..kk] OF Element
                        END;
```

Abb. 87: Typdefinition B-Baum

Eine Skizze über den Knotenaufbau soll die hier vorgeschlagene Realisierung verdeutlichen, dabei haben wir die Nachfolgezeiger so plaziert, daß der erste Zeiger (außerhalb der Reihe von Elementen) auf den am weitesten links stehenden Nachfolger verweist.

m | zl | s_1, z_1, d_1 | s_2, z_2, d_2 | ....| s_{kk}, z_{kk}, d_{kk}

Die Realisierung der Operationen auf B-Bäumen erfordert einen unterschiedlich großen Aufwand. Bei ihrer Beschreibung schränken wir uns ein auf die Speicherung der Schlüssel; es ist selbstverständlich, daß in diesem Zusammenhang immer auch die zugehörigen Daten bearbeitet werden müssen.

Relativ einfach gestaltet sich das Einfügen von Elementen und damit der systematische Aufbau. Wir beschreiben die Vorgehensweise zuerst verbal und verdeutlichen sie anschließend durch ein konkretes Beispiel, das in Abbildung 88 skizziert wird. Das Einfügen eines Schlüssels erfordert zunächst die Suche nach der richtigen Position (s. unten). Anschließend muß entschieden werden, ob es möglich ist, den Schlüssel im entsprechenden Blatt unterzubringen. Ist dies nicht der Fall, so wird die Folge der dann 2k+1 Schlüssel aufgeteilt und der Baum an dieser Stelle "gesplittet": Die erste Hälfte (von 1 bis k) verbleibt im aktuellen Blatt, der mittlere Schlüssel (k+1) wandert in den Vaterknoten und die zweite Hälfte (k+2 bis 2k) definiert einen neuen Knoten, der an den Vaterknoten als rechter Nachfolger des Schlüssels mit der Nummer k+1 angehängt wird (siehe z.B. Abbildung 88, Einfügung des Schlüssels 25). Eine Ausnahmebehandlung muß erfolgen, wenn ein Vaterknoten (z.B. der Wurzelknoten selbst) den beim Splitten bestimmten Schlüssel nicht mehr aufnehmen kann. In diesem Fall versucht man zunächst einen Ausgleich über die Nachbarknoten des Nachfolgers (siehe z.B. Abbildung

88, Einfügung des Schlüssels 11), hilft dies nicht weiter, so muß ein erneutes Splitten des Vaterknotens erfolgen.

Bei dem nun folgenden Beispiel handelt es sich um eine Zahlenfolge, die in der hier angegebenen Reihenfolge in eine Datenstruktur vom Typ B-Baum der Ordnung 2 aufgenommen werden soll:

4 8 2 16 1 15 5 25 30 6 7 20 18 14 19 13 10 11.

Dargestellt werden in der Abbildung die einzelnen Stadien des B-Baums vor und nach einem Splitting (siehe Abbildung 88):

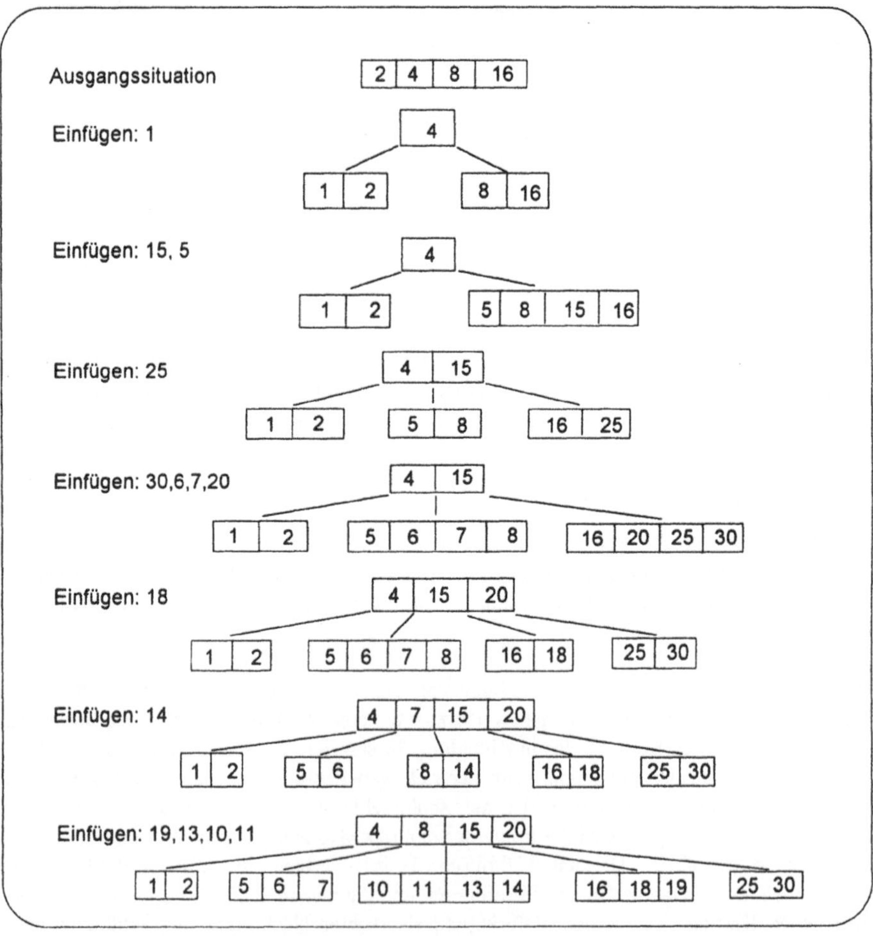

Abb.88 : Entwicklung eines B-Baums

Die Suche nach einem Schlüssel in einem gegebenen B-Baum erfolgt ähnlich wie die im binären Suchbaum; die entscheidende Erweiterung besteht darin, daß innerhalb eines Knotens die Suche in einer Reihenstruktur vorgenommen werden muß, was linear oder binär erfolgen kann. Da sich dieser Vorgang auf jeden Fall im Arbeitsspeicher abspielt, hat er keinen großen Einfluß auf das Gesamtverhalten der Operation - die Komplexität ist ja im Wesentlichen vom Zugriff auf einen neuen Knoten (Peripherspeicher) abhängig. Wir verzichten auf eine ausführlichere Darstellung und gehen stattdessen auf die Operation des Löschens von Elementen ein.

Zum Entfernen von Schlüsseln aus einem B-Baum geht man in umgekehrter Form wie beim Einfügen vor. Man sucht den Schlüssel im Knoten, und muß zunächst entscheiden, ob es sich dabei um ein Blatt handelt. In diesem Fall entfernt man den Schlüssel und verschmilzt den Knoten mit einem Nachbarknoten, sofern ein Unterlauf vorliegt. (Mit Unterlauf bezeichnen wir die Tatsache, daß nach Entfernung des zu löschenden Elements die Minimaleigenschaft im entsprechenden Knoten verletzt wird, siehe Abbildung 89, Entfernen des Schlüssels 2.)

Befindet sich der zu löschende Schlüssel nicht in einem Blatt, so wird ein Ersatzelement für den Knoten gesucht. Dieses muß das größte Element im Nachfolgebaum des zu löschenden Schlüssels sein. (Siehe auch Abbildung 89, Entfernen des Schlüssels 15.) Falls erforderlich, schließt sich auch hier eine Unterlaufbehandlung an (siehe gleiche Abb., Schlüssel 8). Als Ausnahmebehandlung muß noch beachtet werden, daß im Falle des Entfernens des letzten Knotens aus der Wurzel diese gelöscht wird und der dann einzige Nachfolger zur neuen Wurzel gemacht werden muß. Der Detailprozeß wird von uns wieder an einem Zahlenbeispiel demonstriert. (Abbildung 89):

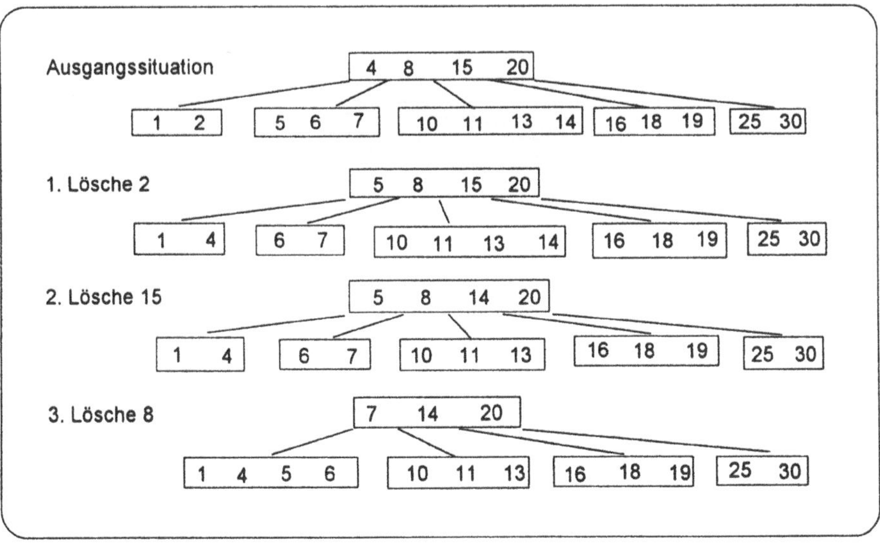

Abb.89 : Entfernen von Elementen im B-Baum

B-Bäume sind - nach allem, was wir bis jetzt gesehen haben - besonders gut geeignet für die Speicherung von Wörterbüchern. Für jede der drei Grundoperationen Suchen, Einfügen und Löschen beträgt die Operationszeit höchstens $O(\log_k(n+1))$ (n ist die Anzahl der Schlüssel im Baum), im Mittel fällt diese Zeitangabe wesentlich günstiger aus.[50]

Von den zahlreichen Varianten (siehe Fußnote 50) wollen wir nur kurz auf die blätterorientierte Version des B-Baums - genannt B*-Baum - eingehen, da sie in der Praxis der Systemprogrammierung eine entscheidende Rolle spielt. So wird sie zum Beispiel eingesetzt bei der Implementierung von mehrstufigen Indizes, was wir im Kapitel 5.4 etwas ausführlicher zeigen werden.

Definition: Ein B-Baum der Ordnung k wird **B*-Baum** genannt, wenn alle zu speichernden Daten inclusive der Schlüssel in den Blättern des Baums abgelegt werden. Die Nichtblatt-Knoten enthalten dann nur die Schlüssel des Datenbestands.

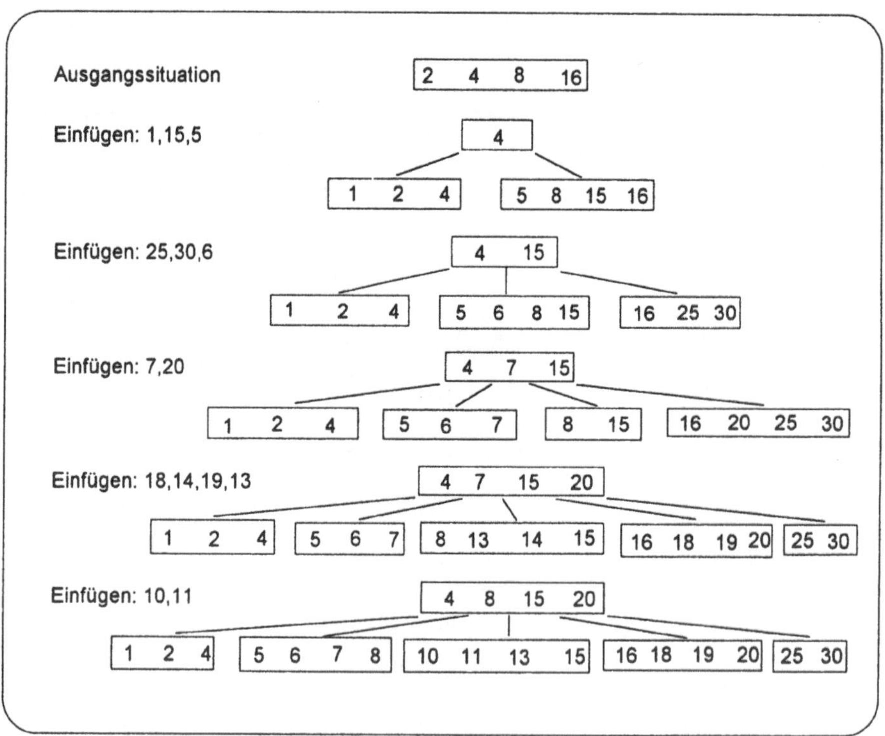

Abb.90 : B-Baum*

[50] Für genauere Aussagen zur Zeitkomplexität wie auch für eine umfangreiche Diskussion der vielen Varianten von B-Bäumen verweisen wir auf [Ottmann 90] bzw. auf die dort referierte Spezialliteratur.

Einer der Vorteile, die sich bei einer solchen Speichertechnik ergeben, besteht in der Tatsache, daß alle Blätter - zusammen betrachtet - die Elemente nach Schlüsseln sortiert enthalten. Dies erlaubt eine zusätzliche lineare Verkettung, so daß auch eine logisch fortlaufende Verarbeitung der Daten optimal erfolgen kann.Wir demonstrieren den Unterschied zwischen B-Baum und B^*-Baum an Hand eines kleinen Zahlenbeispiels und verwenden dabei die gleiche Zahlenreihenfolge wie im Beispiel der Abbildung 88 (siehe Abbildung 90).

4.6 Allgemeine Graphen

Ein Kapitel über allgemeine Graphen als Datentypen bzw. Datenstrukturen muß sich in diesem Buch, in dem andere Aspekte der Programmierung im Vordergrund stehen, auf die grundsätzlichen Speichermöglichkeiten und ihre Realisierung in Modula-2 beschränken.[51]

Wir greifen zurück auf die in 4.1 gegebene Definition eines gerichteten Graphen und setzen zusätzlich voraus, daß die Knotenmenge geordnet sei (Numerierung von 1 bis N). Zum Speichern der Inhalte der N Knoten und der zugehörigen Relationen gibt es grundsätzlich zwei unterschiedliche Möglichkeiten:

- Knoten und Relationen werden zusammen gespeichert,
- Knoteninhalte und Relationen werden getrennt gespeichert.

Für die gemeinsame Darstellung ist die am meisten benutzte Methode die Speicherung in einer sogenannten Adjazenzliste[52], die in verschiedenen Variationen verwendet werden kann. In der einfachsten Form übernimmt man die Knoten gemäß ihrer Numerierung in eine Reihenstruktur und stellt die Verbindungen durch eine von den jeweiligen Knoten ausgehende verkettete Liste dar.

Bei der getrennten Vorgehensweise wird etwa zur Darstellung der Verbindungen im Graphen die Adjazenzmatrix eingesetzt. In dieser Matrix werden die Elemente $a_{k,l}$ mit 1 besetzt, falls es eine Verbindung vom Knoten k zum Knoten l gibt, im anderen Fall mit 0.

Wir zeigen diese beiden Möglichkeiten an einem kleinen Beispiel. Gegeben sei der folgende Graph (Abbildung 91):

---

[51] Für Studierende der Informatik empfehlen wir an dieser Stelle hauptsächlich die Informatikliteratur und weniger allgemeine meist sehr theoretisch gehaltene Werke über Graphentheorie als mathematisches Spezialgebiet. Eine gute und ausreichende Übersicht über Datenstrukturen und Algorithmen in diesem Bereich bietet das Buch von Ottmann und Widmayer [Ottmann 90].

[52] Adjazent heißen die beiden Knoten, die am Anfang bzw. am Ende eines Verbindungspfeils liegen.

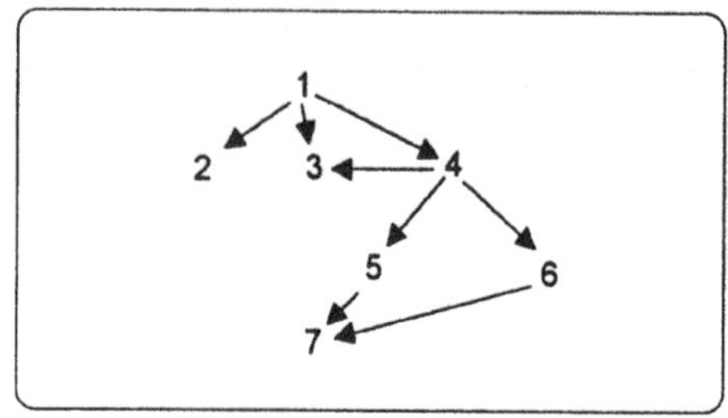

Abb.91 : Gerichteter Graph

Die Speicherung in einer Adjazenzliste ergibt sich aus Abbildung 92:

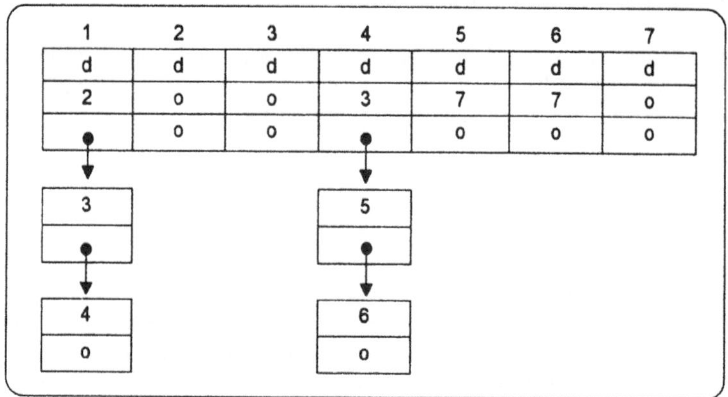

Abb.92 : Adjazenzliste - Reihenstruktur

Als Adjazenzmatrix erhält man

	1	2	3	4	5	6	7
1	0	1	1	1	0	0	0
2	0	0	0	0	0	0	0
3	0	0	0	0	0	0	0
4	0	0	1	0	1	1	0
5	0	0	0	0	0	0	1
6	0	0	0	0	0	0	1
7	0	0	0	0	0	0	0

Am Rande sei hier vermerkt, daß einer der einfachsten Graphenalgorithmen - der Algorithmus von Warshall - aus der Adjazenzmatrix die transitive Hülle des Graphen bestimmt. Diese stellt dar, ob es einen Weg innerhalb des Graphen von einem beliebigen Knoten x zu einem anderen beliebigen Knoten y gibt.

Wir sehen also, daß es durchaus sinnvolle Anwendungen zur Benutzung der Adjazenzmatrix gibt; andererseits muß man natürlich berücksichtigen, daß - auch wenn man entsprechende

Zusatztechniken berücksichtigt - ein unverhältnismäßig hoher Speicherplatzbedarf entsteht. Für die meisten der in der Praxis auftretenden Operationen im Zusammenhang mit allgemeinen Graphen liefert die Adjazenzliste die bessere Ausgangsstruktur. Hinzu kommt, daß in diesem Fall sehr leicht die dynamische Veränderung einer Graphenstruktur einbezogen werden kann: schließlich bietet erst diese Möglichkeit die Argumentation, Graphen als sehr allgemeine nichtlineare dynamische Strukturen anzusehen. Die angesprochene Dynamik erreichen wir dadurch, daß die Knoten nicht in einer statischen Reihe, sondern in einer doppelt verketteten Liste geführt werden. Auch diese Technik wollen wir mit Hilfe des obigen Beispiels zeigen. Dabei demonstrieren wir gleichzeitig den Aufbau von doppelt verketteten Pfeillisten, die zur Aufnahme der Relationen dienen. (Abbildung 93):

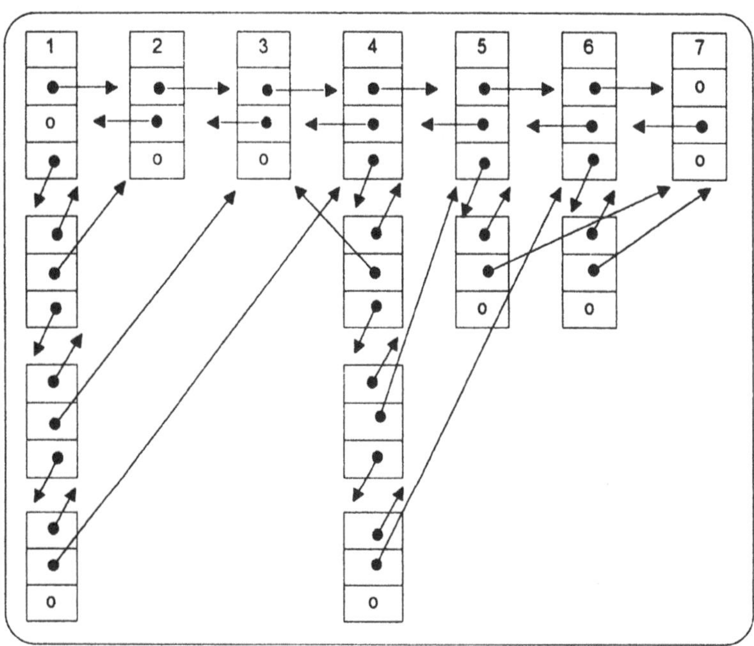

Abb. 93 : Doppelt verkettete Adjazenzliste

Die Realisierung in Modula-2 erfolgt mit den uns bekannten Datentypen, wir dokumentieren dies zunächst für eine einfache statische Adjazenzliste (Abbildung 94) und anschließend an Hand der zuletzt genannten Methode mit den doppelten Verkettungen (Abbildung 95). In dem letzteren Fall weisen wir besonders auf die Anwendung des varianten RECORD hin.

```
CONST AnzahlKnoten = (*Anzahl der Knoten im Graph, statisch*)
TYPE  Knotentyp      = [1..AnzahlKnoten];
        Pfeilzeiger  = POINTER TO Pfeilelement;
        Pfeilelement = RECORD
                           Endknoten: Knotentyp;
                           Next      : Pfeilzeiger
                           END;
        Reihe          = ARRAY [1..AnzahlKnoten] OF Pfeilzeiger;
```

Abb. 94: Datentyp für eine einfache Adjazenzliste mit Reihenstruktur

```
TYPE Listenzeiger  = POINTER TO Listenelement;
       Listenelement = RECORD
                           Daten: Irgendeintyp;
                           Next : Listenzeiger;
                           Pre  : Listenzeiger;
                           Graph: Pfeilzeiger
                           END;
       Pfeilzeiger   = POINTER TO Pfeilelement;
       Pfeilelement  = RECORD
                          CASE Erst: BOOLEAN OF
                            TRUE : Listenverweis: Listenzeiger |
                            FALSE: Pfeilverweis : Pfeilzeiger
                           END;
                           Mitte: Listenzeiger;
                           Letzt: Pfeilzeiger
                     END;
```

Abb. 95: Datentyp für eine doppelt verkettete Adjazenzliste mit doppelt verketteter Pfeilliste

Die Begleitdiskette bietet für den interessierten Leser eine Implementierung mit Graphenstrukturen für einen Netzplan. Auf einen Abdruck dieses Programms verzichten wir hier.

5 Datenorganisation auf externem Speicher

5.1 Grundbegriffe und Ziele

In den vorangegangenen Kapiteln haben wir von den Grundbausteinen beginnend systematisch immer höhere, komplexere Datenstrukturen aufgebaut. Mit diesem Kapitel brechen wir aus dieser Systematik aus. Und: Haben wir bislang dem Speicherort (also Haupt- oder Hintergrundspeicher) kaum Beachtung geschenkt, konzentrieren wir uns in diesem Kapitel völlig darauf; ab sofort geht es um die Frage, welche Verfahren (= Daten- und Ablaufstrukturen) für die Speicherung im Prinzip beliebig großer Datenmengen auf externem Speicher besonders geeignet sind.

Dabei gehen wir von Daten mit bestimmter, festgelegter Struktur aus. Beispiele hierfür sind: Einwohner-Melderegister einer Stadt, Studentendaten einer Hochschule oder das Telefonbuch der Post. Nicht gemeint sind damit unstrukturierte Texte wie z.B. Zeitungsartikel oder dieses Buch.

Wir gehen des weiteren von Sätzen aus, in denen die Einzelangaben zu einem jeden Objekt[53] (engl. Entity) zusammengefaßt sind. Jeder Einzelangabe liegt eine abstrakte Festlegung, das Attribut zugrunde. Die (konkrete) Angabe selber ist dann ein Attributwert. So ist z.B. im Einwohner-Melderegister ein Attribut das Geburtsdatum eines Einwohners, ein dazugehöriger Attributwert ein konkretes Geburtsdatum wie z.B. "25.8.1981".

In bestimmten Organisationsformen erhalten ausgewählte Attribute bzw. Kombinationen von Attributen eine besondere Funktion: Sie sind als Primärschlüssel Ausgangspunkt für schnelle, quasi-direkte Zugriffsmethoden auf die Datensätze.

Ein besonderes Problem der Speicherung von Daten auf externem Speicher ist neben der Zugriffszeit zum Finden eines Satzes der Aufwand zur Aktualisierung des Datenbestandes.

- Kann ein Datensatz nach einer Veränderung nicht unmittelbar an die alte Stelle auf dem externen Speicher zurückgeschrieben werden (weil er länger geworden ist), muß er - ggf. teilweise - an anderer Stelle geschrieben werden. Dies kann die Zugriffszeit bei dem erneuten Zugriff erheblich vergrößern, nötig sind daher von Zeit zu Zeit Reorganisationsmaßnahmen.

- Wird ein Datensatz gelöscht, entsteht in einfachen Organisationsformen entweder ein "Loch" an der Stelle des gelöschten Satzes oder der gesamte Rest muß um die Länge des gelöschten Satzes aufgeschoben werden. Ein Beispiel hierfür ist die Funktion "Pack" des PC-Datenbanksystems dBASE.

Unsere Aufgabe ist damit, Verfahren zu finden, die diese Probleme lösen.

---

[53] Unter Objekt verstehen wir hier nur die Struktur eines Gegenstandes der Realität (Methoden wie in der objektorientierten Programmierung interessieren uns hier z.B. gar nicht).

5.2 Stapelorganisation

Die einfachste Form der Organisation von Daten auf externem Speicher ist die Stapelorganisation.

Definition: Bei der **Stapelorganisation** werden Datensätze physikalisch in der Reihenfolge und der Form gespeichert, in der sie dem Datenverwaltungssystem übergeben worden sind. Sie sind dabei nicht nach speziellen Kriterien (außer der Eintreffens-Reihenfolge) geordnet.

So können z.B. die Mitgliederdaten eines Sportvereins als Stapel organisiert sein (die Ziffern 1 bis 5 stehen hier für beliebige Attributwerte):

```
Satz1: 1111111111111111111111111111111111111111111
Satz2: 22222222222222222222222222222222
Satz3: 33333333333333
Satz4: 444444444444444444444444444444444
Satz5: 5555555555555555555555555555555555555
```

Oder stärker auf die tatsächliche Speicherung bezogen:

```
11111111111111111111111111111111111111111112222222222222222222
2222222222222333333333333334444444444444444444444444444444445
555555555555555555555555555555555555
```

Am Rande bemerkt: Die Speicherung variabel langer Datensätze ist ein besonderes Problem, das wir hier nicht ausführlich darstellen wollen. Einfache Lösungsansätze hierfür sind z.B.:

- Jeder Satz enthält in einem Byte (zumeist Byte 0) ein sog. Satzlängenfeld, aus dem die Länge des Satzes (in Byte) gewonnen werden und der Beginn des folgenden Satzes errechnet werden kann. Dieses Prinzip ist z.B. beim String-Typ in Turbo Pascal implementiert.

- Jeder Satz wird durch ein spezielles Trennzeichen von seinem Nachfolger abgetrennt. So ist z.B. die Text-Sequenz häufig implementiert; Trennzeichen zwischen zwei Sätzen ist dabei "LF" (= Line Feed, ASCII: 10).

- Jeder physikalische Block erhält zu den Datensätzen einen Steuerbereich, von dem Verweise auf die Anfangspositionen der einzelnen Sätze ausgehen. Dieses Prinzip ist in vielen Datenbanksystemen angewandt, so z.B. beim Universellen Datenbanksystem UDS.

Innerhalb eines jeden Satzes können sowohl Attributname als auch Attributwert gespeichert sein. Beispiel:

```
Satz 2: Name=Ihrig, Vorname=Mark, Sparte=Fußball
Satz 3: Name=Fuchs, Funktion=Trainer Fußball
```

Dieses Verfahren hat sowohl Vor- als auch Nachteile:

- Von Vorteil ist, daß nicht existierende Attributwerte (sog. Nullwerte) keinen Speicherplatz benötigen, da keine Reservierung bestimmter Stellen im Datensatz erfolgt.
- Von Nachteil ist, daß die Speicherung der Attribut<u>namen</u> z.T. erheblichen Speicherplatz kostet.
- Von erheblichem Vorteil ist, daß die Struktur der Datensätze jederzeit geändert werden kann (ohne daß der Datenbestand verändert werden muß).So können Attribute ergänzt werden, ohne die bereits gespeicherten Datensätze verändern zu müssen.

Allgemein ist der Aufwand, bestimmte Datensätze aufzufinden, bei der Stapelorganisation hoch: Sowohl die Lokalisation des einzelnen Satzes - je nach angewandtem Verfahren - als auch die Interpretation des einzelnen Satzes (Attribut-Erkennung) vor der eigentlichen Verarbeitung ist aufwendig.

Daraus ergibt sich auch das Einsatzfeld für die Stapelorganisation: Besteht die Satzstruktur einerseits aus vielen Attributen und enthalten die einzelnen Sätze jeweils nur wenige Attributwerte, so bietet sich diese Datenorganisationsform an (Speicherökonomie vor Rechenzeiteffizienz). In anders gelagerten Fällen überwiegen die Nachteile der Stapelorganisation.

5.3 Sequentielle Datenorganisation

Eine erste Maßnahme zur Beschleunigung des Zugriffs liegt darin, die Freizügigkeit des Satzaufbaus aufzugeben. Dann kann man auch auf die Speicherung der Attributnamen verzichten. Andererseits muß man nun Nullwerte speichern.

Definition: Bei der **Sequentiellen Datenorganisation** werden Daten in gleichartigen Sätzen mit i.d.R. festem Satzformat gespeichert. Die Bedeutung jeder Position im Satz ist festgelegt (und bei allen Sätzen gleich). Jeder Satz hat seine Stelle im gesamten Datenbestand aufgrund eines bestimmten Anordnungskriteriums. Der Datenbestand ist damit stets geordnet.

Die Position der einzelnen Attribute im Satz wird außerhalb festgelegt, so z.B. innerhalb einer Dateierklärung (File Description; Programmiersprache COBOL) im Anwendungsprogramm oder innerhalb des Datenwörterbuchs, des Data Dictionarys. Beispiel:

Attributname	ab Byte	bis Byte
Mitgliedsnummer	1	5
Name	6	25
Vorname	26	45
Sparte 1	46	47
Sparte 2	48	49

Sätze entsprechend dieser Struktur können dann beispielhaft so aussehen:

```
Bytenr            1         2         3         4         5
         12345678901234567890123456789012345678901234567890
Satz1:   00007Bond                     James           01
Satz2:   00008Goldfinger                               0203
Satz3:   01234von Schnetzenhausen      Kunigunde       06
```

In diesem Beispiel haben wir zur Speicherung der Spartenzugehörigkeit eine besondere Technik angewandt: Nicht die Spartennamen "Fußball", "Handball" etc. werden gespeichert, sondern Spartencodes.

Die Mitgliedsnummer ist das Anordungskriterium, der sog. Schlüssel. Dies hat Konsequenzen:

- Ein neuer Datensatz darf nicht einfach an den Datenbestand angefügt werden, da damit die Sortierfolge verletzt werden kann. Er muß also (mühsam) an der richtigen Stelle eingefügt werden (analog Einfügen in ARRAY-Struktur).

Mehr noch:

- Änderungen der Struktur erzwingen eine völlige Reorganisation des Datenbestandes. Weil ein solches Umkopieren sehr aufwendig ist, raten Praktiker, beim Entwurf der Datenstruktur einige Bytes als Reserve für Erweiterungen vorzusehen. Ein Reorganisationslauf erübrigt sich dann in vielen Fällen.

Dafür hat man einiges gewonnen: Der gesamte Datenbestand ist stets nach dem Schlüssel sortiert und man kann so - wie in dem Beispiel - ohne sortieren zu müssen direkt aus dem Bestand eine nach Mitgliedsnummer sortierte Liste aller Mitglieder drucken lassen.

Soweit die "reine Lehre". Wie geht man aber in der Praxis vor, wenn man die Vorteile dieser Struktur nutzen will, ohne die Nachteile zu sehr spüren zu müssen?

- Alle Änderungen der Daten werden nicht unmittelbar in den Datenbestand eingeordnet, sondern zunächst separat gesammelt. Das Kennzeichen zu jedem Eintrag sagt dabei aus, welche Aktion ausgeführt werden soll (Neueintrag, Ändern oder Löschen). Zur Speicherung der Veränderungen kann man entweder Stapelorganisation oder sequentielle Organisation nutzen.

Stammdatei	Veränderungen
00007Bond ...	N00009Edberg ...
00008Goldfinger ...	L00007
	L01234

- Die Sätze der Stammdatei werden - etwa einmal pro Tag - anhand der Veränderungsdaten aktualisiert.

Der Vorteil dieses Verfahrens liegt auf der Hand: Die Stammdaten müssen nur einmal geändert werden (und nicht n-mal bei n Veränderungen). Dennoch hat auch dieses Verfahren seinen Nachteil: Arbeitet man ausschließlich mit den Stammdaten, so hat man es im Einzelfall möglicherweise mit nicht aktuellen Daten zu tun. Bezieht man die Änderungsdaten z.B. in Abfragen ein, so verlängert sich die Bearbeitungszeit ggf. erheblich.

5.4 Index-sequentielle Datenorganisation

Wir haben im vorangegangenen Kapitel gesehen, daß die sequentielle Datenorganisation nur bedingt geeignet für die Dialogverarbeitung von Daten ist. Denn z.B. bei Platzreservierungen im Reisebüro kommt es sowohl auf kurze Reaktionszeiten als auch auf aktuelle Informationen an. (Kein Reisebüro kann es sich erlauben, ein Hotelzimmer zur selben Zeit mehrfach zu belegen ...)

Benötigt wird also

- ein schneller, nicht-sequentieller Zugriff auf das einzelne Datum und
- eine automatische Reorganisation des Datenbestandes.

Definition: Bei der **Index-sequentiellen Datenorganisation** werden Daten entsprechend der sequentiellen Datenorganisation gespeichert. Zusätzlich wird für den Primärschlüssel ein mehrstufiges Verweissystem (Haupt-/Nebenindizes) verwaltet.

Sehen wir uns ein Beispiel an, um die Effizienz eines zusätzlichen Indexes erkennen zu können:

> Die Stadt Darmstadt hat 1991 ca. 140.000 Einwohner. Die Meldebehörde speichert zu jedem Einwohner einen Datensatz von 500 Bytes Länge. Unterstellt man, daß ein physikalischer Block des externen Speichers 2000 Bytes faßt, so werden zur Speicherung aller Einwohnerdaten 35.000 Blöcke benötigt. Im Mittel muß das Datenverwaltungssystem 17.500 Blöcke vom externen Speicher lesen (siehe Abbildung 96), um einen bestimmten Satz zu finden. Bei einer Festplatte mit mittlerer Zugriffszeit von 10 msec pro Block würde die Gesamt-Zugriffszeit immerhin knapp 3 Minuten betragen!

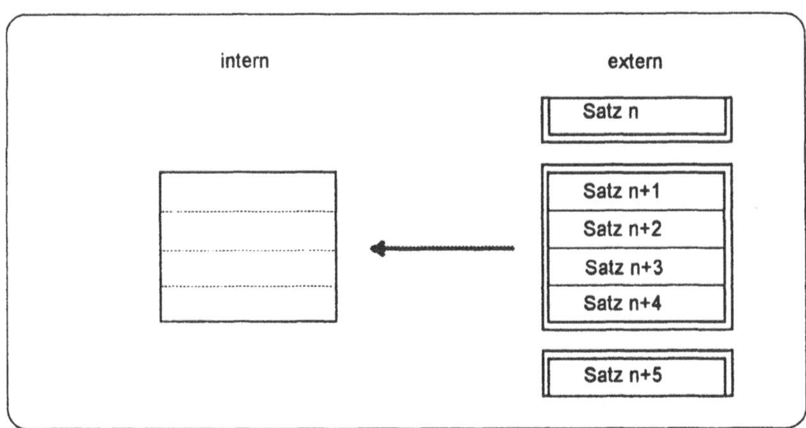

Abb. 96: Lesen bei sequentieller Datenorganisation

Erste Verbesserung: Wir legen zusätzlich eine Tabelle mit einem Eintrag (Primärschlüssel und Verweis auf den Block mit dem Datensatz) für jeden Satz an (siehe Abbildung 97):

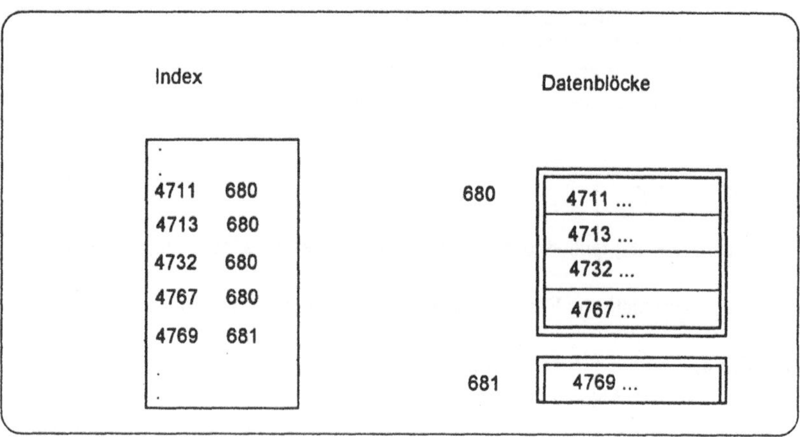

Abb. 97: Einstufiger Index

Wenn wir der Einfachheit halber annehmen, jeder Verweis (Primärschlüssel + Blocknummer) benötigt 10 Byte, so benötigt der gesamte Index 140.000 * 10 = 1.4 MB und also 700 Blöcke (á 2000 Byte). Zum Auffinden eines bestimmten Datensatzes müssen nunmehr im Mittel 350 Index-Blöcke + 1 Datenblock gelesen werden. Legen wir wieder dieselbe Zugriffszeit wie oben zugrunde, beträgt die Gesamt-Zugriffszeit 3.5 sec.

Zweite Verbesserung: Der Index enthält nicht mehr alle Primärschlüssel des Datenbestandes sondern nur noch den ersten jedes Blocks. Da alle Daten sequentiell, d.h. sortiert nach dem Primärschlüssel gespeichert sind, ist der Zugriff auf jeden Satz garantiert. Benötigt werden bei diesem Verfahren nur noch 700/4 = 175 Indexblöcke. Im Mittel müssen hier 175/2 = 88 Indexblöcke und 1 Datenblock gelesen werden. Die Gesamtzugriffszeit beträgt damit 1.75 sec.

Dritte Verbesserung: Der Index wird zweistufig angelegt; d.h. zusätzlich zum Index der 2. Verbesserung (jetzt Nebenindex genannt) wird ein höherer Index, der Hauptindex angelegt. Dieser Hauptindex enthält seinerseits den ersten (kleinsten) Schlüsselwert eines jeden Indexblocks (Abbildung 98):

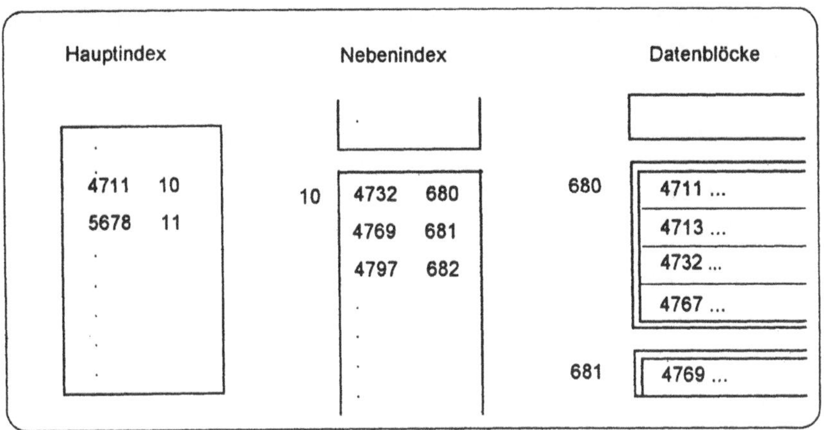

Abb. 98: Mehrstufiger Index

Der Hauptindex enthält 700 Einträge (á 10 Byte); insgesamt sind das mithin 7000 Byte, die in 4 Blöcken Platz finden. Findet nun der Zugriff auf einen Datensatz mit Hilfe von Haupt- und Nebenindexblöcken statt, so sind im Mittel 2 Hauptindex-Blöcke + 1 Nebenindex-Block + 1 Datenblock zu lesen (= 4 Blöcke insgesamt). Bei diesen Zahlen erübrigt sich die Berechung der zu erwartenden Zugriffszeit.

Soweit diese drei Verbesserungen der sequentiellen Datenorganisation. Wir haben mit ihnen im Beispiel den Zugriff von 17.500 Lesevorgängen auf 4 Lesevorgänge reduziert. Wo ist da der Haken?

Wir haben bei der Komplexitätsuntersuchung ausschließlich die Suche nach einem Datensatz betrachtet, nicht jedoch die Kosten für das Updating des Datenbestandes berücksichtigt. Und hier fallen neben dem Einfügeaufwand im Datenbestand entsprechende Maßnahmen im Indexbereich an!

Eine einfache Lösung liegt in der verzögerten Reorganisation durch Änderungsdaten wie bei der sequentiellen Datenorganisation, hier in der Anlage von **Überlaufbereichen**:

- Jeder Zylinder des Plattenspeichers wird in Daten- und Überlaufbereich aufgeteilt (Hardware-Lösung). Vorteil: Der Überlauf wird lokal, da innerhalb eines jeden Zylinders abgehandelt. Nachteil: Auch ein Überlauf eines Überlaufbereichs muß abgehandelt werden; es sei denn, jeder Überlaufbereich ist sehr großzügig dimensioniert.

- Ein einziger Überlaufbereich wird eingerichtet. Damit sind zwar keine Überlauf-Überläufe abzuhandeln, aber andererseits verlängern sich Suchzeiten im Überlaufbereich.

Beiden Verfahren gemeinsam ist die Verkettung der Sätze aus dem Datenbereich in den Überlaufbereich und innerhalb des Überlaufbereichs. Und hierin liegt auch der Schwachpunkt des Verfahrens: Der Überlaufbereich kann so stark anwachsen, daß der Zugriff auf den einzelnen Datensatz zur Suche in Verketteter Liste degeneriert. Wenn auch eine index-sequentielle

Datenorganisation mit diesem Verfahren relativ einfach zu implementieren wäre, ist es in der Praxis - mit seinen vielen Änderungsvorgängen - nur bedingt tauglich.

Wir sehen also: Der Überlaufbereich ist eine technologische Sackgasse! Wir benötigen vielmehr ein Verfahren, das bei Überlauf eines Daten- oder Indexblocks einen neuen Block bereitstellt und die Informationen verteilt. Und wenn wir jetzt noch über eine Strategie nachsinnen, nach der zwei Blöcke wieder verschmolzen werden können oder müssen, ja dann ... sind wir wieder bei einer vertrauten Datenstruktur angelangt: dem B-Baum oder B*-Baum!

Und genau der B*-Baum ist auch das moderne Verfahren, index-sequentielle Datenorganisation zu implementieren (siehe Abbildung 99):

- Haupt- und Nebenindizes sind die Nicht-Blattknoten des B*-Baumes und
- seine Blätter bilden den Datenbereich.

Ein Knoten des B*-Baumes ist ein physikalischer Block auf dem externen Speicher; für ihn ist ein Lesevorgang nötig. Die Kanten des Baumes sind jetzt entweder unmittelbar die physikalischen Adressen des externen Speichers (Plattennummer, Oberfläche, Zylinder, Spur, Sektor) oder aber logische Adressen, die mit einer Umsetzungstabelle auf physikalische Adressen abgebildet werden. Die Algorithmen zum Einfügen und Löschen in B*-Bäumen garantieren zudem, daß der Baum stets ausgeglichen ist und somit optimale Zugriffszeiten bietet. Mehr kann man nun wirklich nicht verlangen!

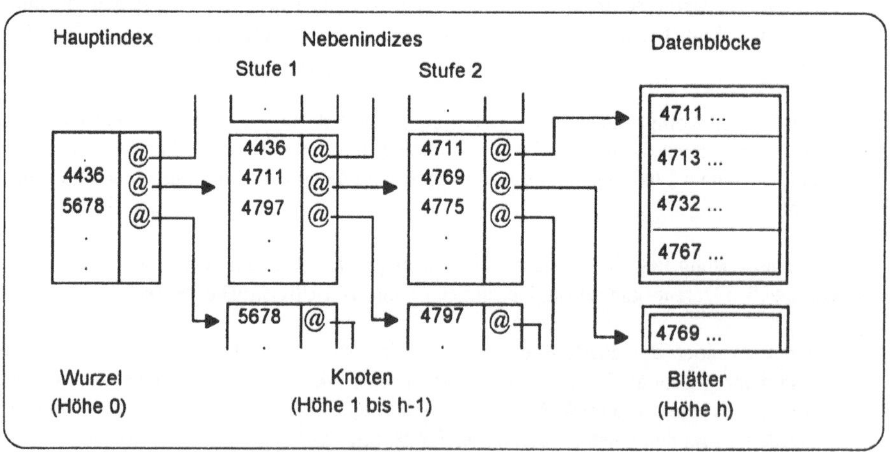

Abb. 99: B-Baum als ISQ-Implementation*

5.5 Indizierte Datenorganisation

Häufig wird in der Datenbank-Welt (und anderswo) der Begriff "Sekundär-Schlüssel" gebraucht. Darunter versteht man eine Technik, schnell (wie bei index-sequentieller Datenorganisation) auf einen Datensatz zugreifen zu können.

Definition: Bei der **Indizierten Datenorganisation** wird zu einem Datenbestand in beliebiger Datenorganisation (selbst in Stapelorganisation) ein zusätzlicher Index verwaltet, über den ein quasi-direkter Zugriff auf die Daten möglich ist.

So kann z.B. in der Mitgliederdatei des Sportvereins ein zusätzlicher Index über den Namen angelegt werden, da im Dialog häufig der Name vorgegeben wird. Duplikate können - wie in dem Beispiel zu erwarten - durchaus auftreten.

Die technische Realisierung der Indizierten Datenorganisation ist offensichtlich: Schlüsselwerte und Verweise (und nur diese, denn Daten gilt es hier nicht zu speichern) verwaltet man in einem B-Baum (oder B*-Baum)!

Was so überaus positiv aussieht, hat dennoch auch wieder seine Schattenseite: Je mehr zusätzliche Indizes zu einem Datenbestand angelegt sind, desto aufwendiger gerät das Updating eines Datensatzes. In der Praxis umgeht man das Problem dadurch, daß man wohl den Datenbestand aktualisiert, nicht aber die Indizierte Datenorganisation. Anwender bzw. Anwendungsprogramme haben dann entsprechend zu berücksichtigen, daß Anfragen fehlerhaft sein können. Oder aber: Die Indizierte Datenorganisation wird nur bei Bedarf eingerichtet, etwa beim Start eines Auskunftssystems oder zu Beginn einer Menge von Anfragen. Nach Abschluß der Aufgabe werden sämtliche zusätzliche Indizes wieder gelöscht.

5.6 Direkte Datenorganisation

5.6.1 Grundsätze

Wir haben im Kapitel 5 bisher gesehen, daß jede Ordnung im Datenbestand und jede Beschleunigung des Zugriffs ihren Preis haben. Sei es der Preis der Laufzeit wie bei sequentieller Datenorganisation oder vor allem der Preis des höheren Speicherbedarfs bei der index-sequentiellen Datenorganisation. Gesucht wird immer noch ein Verfahren, das neben dem Datenbestand zur Verwaltung etwaiger Indizes keinen weiteren Speicher benötigt und im Zugriffsverhalten in der Größenordnung O(1) liegt.

Dies führt uns zu den Verfahren der **Direkten Datenorganisation**. Merkmal dieser Verfahren ist, daß die Speicheradresse nicht über z.T. mehrere Indexstufen gesucht, sondern mit Hilfe einer Abbildungsfunktion errechnet wird. Hierzu ist kein Zugriff auf den externen Speicher nötig; lediglich zum Auffinden oder Speichern des Datensatzes muß auf den Hintergrundspeicher zugegriffen werden (siehe Abbildung 100):

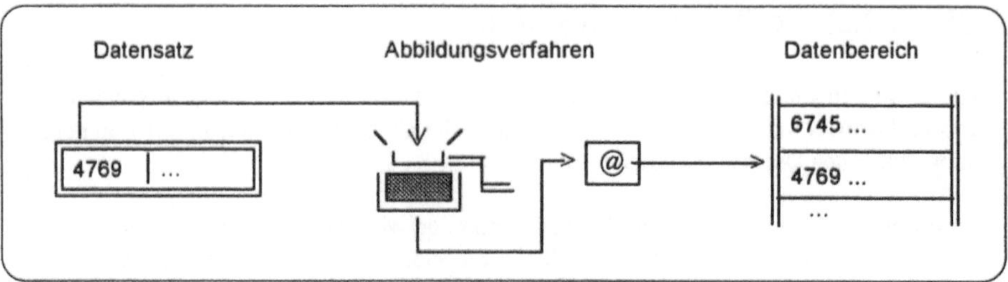

Abb. 100: Hash-Abbildungsverfahren

Man bezeichnet das Abbildungsverfahren auch als **Hash-Algorithmus** (engl.: to hash = (zer)hacken). Jeder Hash-Algorithmus H bildet dabei jeden möglichen Schlüsselwert sw auf eine Menge von Zieladressen ZA im (externen) Speicher ab:

ZA := H (sw)

So kann z.B. der Schlüssel als vierstellige ganze Zahl und der Zielbereich aus den Adressen 7950 bis 7999 bestehen.

Wir erkennen weitere erhebliche Unterschiede zu den bislang besprochenen Datenorganisationsformen:

- Der Speicherbereich ist statisch, da seine Grenzen in den Hash-Algorithmus eingehen.
- Eine durch den Schlüssel bestimmte Anordnung der Datensätze wie z.B. bei der sequentiellen Datenorganisation gibt es nur, wenn der Hash-Algorithmus ordnungserhaltend ist. Dies wäre z.B. der Fall, wenn 1 Byte exakt auf 256 Adressen entsprechend ASCII abgebildet würde. Ordnungserhaltende Abbildungen sind vielmehr die große Ausnahme; so kann man auch z.B. bei einem Schlüssel von 4 Byte und einem Datenvolumen von 100 Sätzen nicht Raum für 256^4= 4.294.967.296 Sätze im Zielbereich vorhalten. Dem entspricht ein Ausnutzungsgrad von einem Bruchteil eines Promilles!

Jeder Hash-Algorithmus komprimiert also den Schlüssel. Eine einfache Implementation hierfür ist die Sprungfunktion. So kann z.B. aus dem Schlüssel "Nachname" stets der erste Buchstabe genommen werden und seine Position im Alphabet unmittelbar die Adresse im Zielbereich 1 bis 26 angeben.

Meier	-->	M	-->	13
Burhenne	-->	B	-->	2

Vorzuhalten wäre Speicherplatz für 26 Sätze. Solange alle Schlüsselwerte hinreichend streuen, ist die Welt in Ordnung. Doch was geschieht, wenn zum Schlüsselwert "Meier" außerdem "Müller" zu verarbeiten ist? Der Hash-Algorithmus ermittelt zu "Müller" dieselbe Zieladresse 12; beide Sätze sind damit Synonyme. Und das Ärgerliche ist, daß Synonyme in der Praxis recht häufig vorkommen. Wie viele Meier/Müller/Schulze gibt es auch? Wie hoch ist die Wahrscheinlichkeit, daß 2 Personen in einer Gruppe am selben Tag Geburtstag haben? Was ist also zu tun?

- Entweder wählt man einen maßgeschneiderten Hash-Algorithmus aus, der keine Synonyme erzeugt. Dies erfordert aber, daß man die Menge aller konkreten Schlüsselwerte im voraus kennt!

- Oder man wählt einen beliebigen Hash-Algorithmus aus und sieht zusätzlich eine Strategie zur sog. Kollisionsbehandlung vor.

5.6.2 Hash-Verfahren

5.6.2.1 Divisions-Rest-Verfahren

Einfach und deshalb in der Praxis häufig benutzt ist ein Verfahren, nach dem der Rest bei der ganzzahligen Division des Schlüsselwertes durch eine beliebige Zahl als Adresse verwendet wird, das Divisions-Rest-Verfahren. Präziser:

$$
\begin{array}{lll}
 & H\ (sw) & := sw\ \mathrm{MOD}\ R + A \\
\text{mit} & R & := E - A + 1
\end{array}
$$

Dabei ist A die Anfangsadresse des Hash-Speicherbereichs und E die Endadresse.

Beispiel (H (sw) = sw MOD 100 + 7000):

Schlüsselwert	Adresse	
4711	7011	
6364	7064 ←	
913	7013	Synonyme
5	7005	
8864	7064 ←	
0	7000	
9999	7099	
1111	7011	

Die Schlüsselwerte 6364 und 7064 erweisen sich in diesem Beispiel als Synonyme. Die Wahl von 100 als Teiler im Hash-Algorithmus ist in der Praxis allerdings auch ungünstig, da weder die Hunderter- noch die Tausender-Stelle der Schlüsselwerte in die Adressberechnung eingehen. Dies führt eben zu vielen Synonymen. Empfohlen wird daher für R im Hash-Algorithmus anstelle des Ausdrucks "E-A+1" die größte Primzahl <= (E-A+1) zu wählen. In unserem Beispiel wäre das 97.

Das Beispiel nochmals mit Teiler R = 97:

Schlüsselwert	Adresse
4711	7055
6364	7059
913	7040
5	7005
8864	7037
0	7000
9999	7008
1111	7044

Damit ist das Kollisions-Problem natürlich noch nicht gelöst; es ist nur etwas entschärft. Zu einer wirklichen Lösung kommen wir im Kapitel 5.6.3.

Ist der Schlüssel nun nicht numerisch ganzzahlig, muß er zunächst geeignet in den Zahlbereich der ganzen Zahlen abgebildet werden. Beispiel:

"Otto" $15*26^3 + 20*26^2 + 20*26^1 + 15*26^0$
$= 2636640 + 13520 + 520 + 15$
$= 277695$

H ("Otto") = H (277695)
= 277695 MOD 100 + 7000
--> = 7095

(wobei A = 7000 und E = 7099)

5.6.2.2 Faltung

Das Divisions-Rest-Verfahren berücksichtigt den Stellenwert jeder Schlüsselwert-Stelle; bei ungeschickter Wahl des Teilers (z.B. R=100) blendet es sogar einzelne Stellen bei der Adreßberechnung völlig aus. Dem kann man mit der Faltung begegnen. Danach werden die Schlüsselbestandteile ungeachtet ihrer Stelle zusammengefaßt.

Beispiel:

4711 --> 47 + 11 = 58 ---> 58 + A

Damit der aus der Faltung entstehende Wert eine Adresse des Hashbereichs ergibt, ist bisweilen eine weitere Abbildung nötig. So führt bei unseren Beispieldaten die Faltung zu einem Wertebereich von 0 bis 198. Da der Hashbereich jedoch nur 100 Adressen bietet, ist z.B. eine Division durch 2 nötig:

Schlüsselwert	Umrechnung	Adresse
4711	58	7029
6364	127	7063
913	22	7011
5	5	7002
8864	152	7076
0	0	7000
9999	198	7099
1111	22	7011

5.6.2.3 Basistransformation

Spielt bei der Faltungsmethode der Stellenwert im Schlüssel keine Rolle, ist er bei der Basis-Transformation der wesentliche Bestandteil des Verfahrens. Alle Ziffern eines Schlüsselwertes werden einzeln in eine höhere Basis transformiert und danach wieder addiert.

Beispiel:

$$\begin{aligned} 4711 &= 4*10^3 + 7*10^2 + 1*10^1 + 1*10^0 \\ &\longrightarrow 4*11^3 + 7*11^2 + 1*11^1 + 1*11^0 \\ &= 4*1331 + 7*121 + 1*11 + 1*1 \\ &= 5324 + 847 + 11 + 1 \\ &= 6183 \end{aligned}$$

Auch dieser so transformierte Schlüsselwert muß noch geeignet in den Adreßbereich abgebildet werden (z.B. durch Divisions-Rest-Verfahren). Unsere Beispieldaten führen bei der Basistransformation mit Exponent 11 und anschließendem Divisions-Rest-Verfahren zu folgenden Zieladressen:

Schlüsselwert	Umrechnung					Adresse
4711	5324 +	847 +	11 +	1 =	6183	7072
6364	7986 +	363 +	66 +	4 =	8419	7077
913	0 +	1089 +	11 +	3 =	1103	7036
5	0 +	0 +	0 +	5 =	5	7005
8864	10648 +	968 +	66 +	4 =	11686	7046
0	0 +	0 +	0 +	0 =	0	7000
9999	11979 +	1086 +	99 +	9 =	13176	7081
1111	1331 +	121 +	11 +	1 =	1464	7009

5.6.2.4 Ziffernanalyse

Wie wir schon beim Divisions-Rest-Verfahren gesehen haben, beruhen viele Kollisionen darauf, daß bestimmte Stellen bei der Abbildung nicht berücksichtigt werden. Ist man in der Lage, zuvor den Datenbestand zu analysieren, welche Stellen des Schlüssels an den Kollisionen Schuld sind, kann man sie bewußt bei der Abbildung unberücksichtigt lassen. Aber zunächst muß man dies feststellen. Dazu zählt man bei der Ziffernanalyse für alle Schlüsselwerte, wie oft welche Ziffern an welchen Stellen auftreten.

Unser Beispiel geht auf einen neuen, größeren Datenbestand zurück. Es zeigt bei der Ziffernanalyse folgendes Ergebnis:

Ziffer	Stelle in Schlüssel			
	1	2	3	4
0	14	46	9	10
1	12	54	10	10
2	7	0	9	10
3	8	0	9	10
4	15	0	7	10
5	9	0	11	10
6	8	0	14	10
7	12	0	11	10
8	6	0	12	10
9	9	0	8	10
Summe	100	100	100	100
s	3,06	21,17	2,05	0

Danach eignet sich die vierte Stelle hervorragend für Adreßberechnung (die Ziffern sind völlig gleichverteilt) und die dritte Stelle bedingt. Ebenso käme die erste Stelle in Frage. An der zweiten Stelle enthalten die Schlüsselwerte dagegen lediglich Nullen und Einsen - diese Stelle ist völlig untauglich zur Adreßberechnung.

Was zeigt uns die Beschäftigung mit den vier vorgestellten Hash-Algorithmen? Zumindest eines: Ein allgemeingültiges, ideales Verfahren für die Direkte Datenorganisation bietet keines von ihnen. In der Praxis bewährt hat sich zumindest das Divisions-Rest-Verfahren (siehe auch [Ottmann 90]). Da wir Kollisionen im allgemeinen Fall nicht vermeiden können, müssen wir uns - im folgenden Kapitel - um Strategien zur Kollisionsbehandlung kümmern.

5.6.3 Kollisionsbehandlung

5.6.3.1 Grundsätze

Wir haben im Kapitel 5.6.2 gesehen, daß Hash-Algorithmen Kollisionen im Regelfall nicht vermeiden können. Nötig sind also Strategien, diese Kollisionen zu behandeln. Denn auch Synonyme müssen gespeichert werden können und wieder aufzufinden sein!

Man unterscheidet bei diesen Kollisionsbehandlungen solche Strategien, die nur den Hash-Bereich verwenden (sog. "offene" Hash-Verfahren) und solche, die alle Synonyme in einem speziellen Überlaufbereich verwalten.

5.6.3.2 Hashverfahren ohne Überlaufbereich

Bei allen offenen Hash-Verfahren wird jeder Satz im Hash-Bereich untergebracht. Wie, daran unterscheiden sich die einzelnen Verfahren:

- Bei der **linearen Suche** wird bei einer Kollision ausgehend von der errechneten Adresse der nächste freie Platz im Hash-Bereich gesucht und genutzt. Beispiel (siehe Abbildung 101):

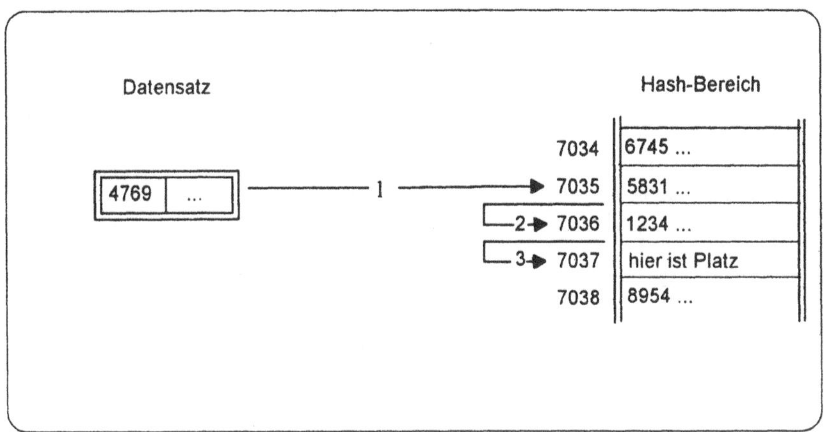

Abb. 101: Lineare Suche

Danach errechnet der Hash-Algorithmus in unserem Beispiel zunächst zum Schlüsselwert "4769" die Zieladresse "7035" (Schritt 1). Da der Speicherplatz an Adresse 7035 besetzt ist, wird der nächste Platz untersucht (Schritt 2; Adresse 7036). Da auch dieser Platz besetzt ist, wird wiederum der nächste untersucht (Schritt 3; Adresse 7037). Hier wird nun endlich der Datensatz gespeichert.

Allgemein kann man als Nachteil der linearen Suche sagen, daß das Verfahren stark zu Verklumpungen neigt. D.h. mit Zunahme des Datenbestandes steigt auch die Zahl der Kollisionen sehr stark an; immer mehr Sätze werden dann "falsch" eingeordnet.

- Bei **quadratischer Suche** werden die Suchschritte vergrößert (1,2,4,8,16,...), um dem Verklumpungseffekt der linearen Suche zu entgehen.

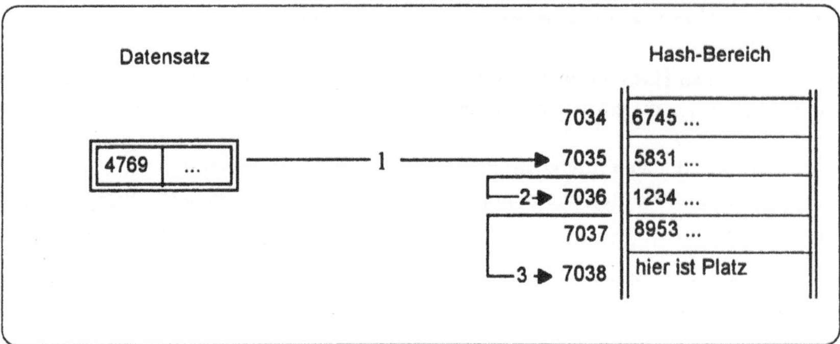

Abb. 102: Quadratische Suche

In Abbildung 102 sieht man, wie sich die Schrittweite der Suche nach freiem Speicherplatz von 1 (Schritt 2) auf 2 (Schritt 3) vergrößert.

- Bei Einsatz spezieller Zweit-/Dritt-Hash-Funktionen gibt es überhaupt keine vorhersagbaren Suchschritt-Längen mehr.

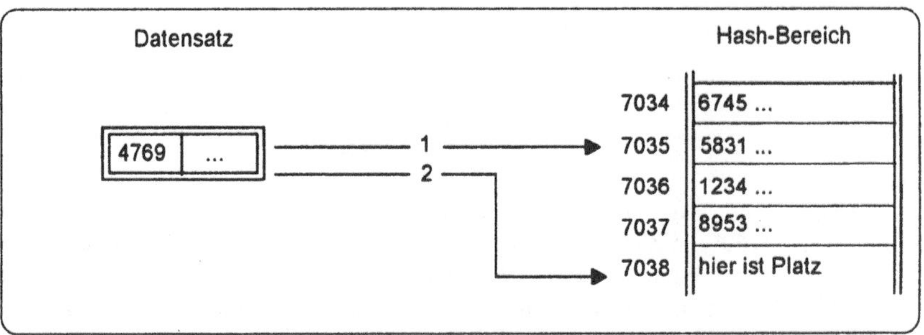

Abb. 103: Zweitfunktion

In unserem Beispiel (Abbildung 103) führt der Einsatz der Zweitfunktion (Schritt 2) bereits zu einem freien Speicherplatz. Doch dies ist leider nicht garantiert: Die Zweit- und auch die Dritt-Funktion kann zufällig die Adresse eines bereits besetzten Speicherplatzes errechnen. Insofern muß auch bei Einsatz solcher Verfahren ein zusätzliches Verfahren vorgesehen werden (z.B. lineare oder quadratische Suche oder aber überhaupt kein offenes Verfahren).

5.6.3.3 Hash-Verfahren mit Überlaufbereich

Offene Hash-Verfahren besitzen den Makel, daß sie Speicherplätze den "richtigen" Datensätzen vorenthalten, weil diese zur Kollisionsbehandlung "falscher" Datensätze verbraucht werden. Dieser Effekt tritt jedoch nicht ein, wenn man "falsche" Datensätze nicht im Hash-

Bereich unterbringt, also alle Synonyme - ähnlich einem Verfahren zur index-sequentiellen Datenorganisation - in einem speziellen Überlaufbereich speichert (Abbildung 104).

In unserem Beispiel trifft der Satz mit dem Schlüsselwert "4769" auf einen bereits besetzten Speicherplatz; mehr noch: die im Hash-Bereich angefügte Adresse 7100 zeigt an, daß im Überlauf-Bereich bereits (mindestens) ein Synonym gespeichert ist. So muß denn hier der neue Satz im Überlauf-Bereich an der ersten freien Stelle (Adresse 7101) gespeichert und zusätzlich unter Adresse 7100 ein Verweis auf 7101 angebracht werden.

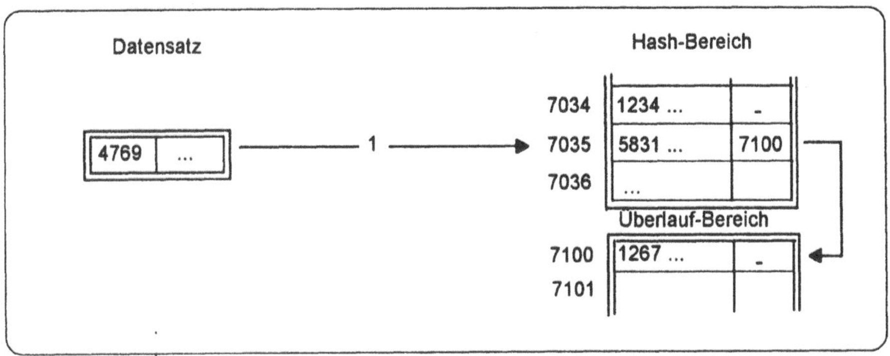

Abb. 104: Hash-Funktion mit Überlaufbereich

Dieses Verfahren ist jedoch nicht das einzig mögliche, den Überlauf-Bereich zu verwalten. Sind insgesamt wenige Synonyme zu erwarten, so kann man auch die Implementation vereinfachen und auf den Einsatz verketteter Listen verzichten. Danach wird der gesamte Überlauf-Bereich als Sequenz implementiert (also ohne Zeiger). Genauso enthält der Hash-Bereich auch keinen Adreß-Verweis auf den Überlauf-Bereich mehr, sondern nur noch einen (BOOLEAN-) Merker, ob ein Überlauf an einer bestimmten Adresse stattgefunden hat. Selbst darauf könnte man in einer besonders Speicher-sparenden Implementation verzichten. Nur: was man an Speicher spart, muß man an Rechenzeit zur Verwaltung der Struktur ausgeben!

5.6.3.4 Bucket-Hash-Verfahren

Je mehr Synonyme ein Datenbestand hat, desto stärker tendiert die Komplexität des Hash-Verfahrens gegen O(n), da es dann typische Listenoperationen - wie gerade die sequentielle Suche in Komplexität O(n) - ausführen muß. Wenn also absehbar ist, daß ein Datenbestand eine bestimmte Größenordnung Synonyme haben wird, so läßt sich aus dieser Not eine Tugend machen: Der Speicherplatz zu jeder Adresse des Hash-Bereichs kann nicht nur einen einzigen Datensatz aufnehmen, wie bislang immer angenommen, sondern mehrere zugleich. Solche Verfahren werden Bucket-Hashverfahren genannt (engl. bucket: Eimer, Kübel). Ein Beispiel bietet Abbildung 105:

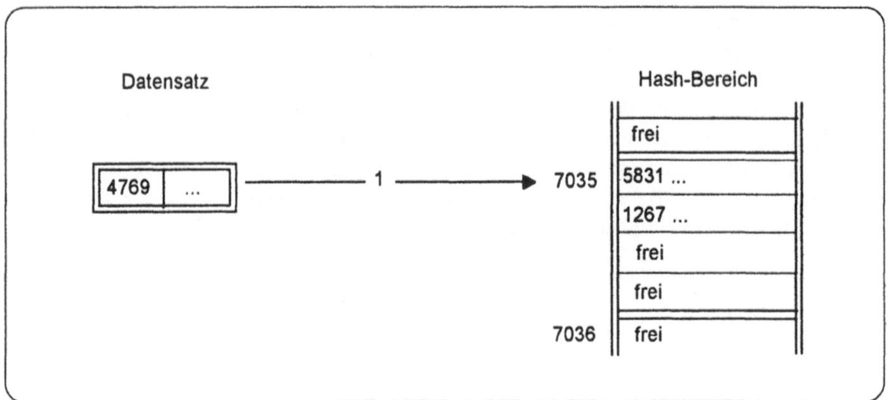

Abb. 105: Bucket-Hash-Verfahren

Läuft wider Erwarten auch einmal solch ein Bucket über, so wird dieses überzählige Synonym wieder in einem Überlauf-Bereich gespeichert. Im Beispiel der Abbildung 105 sind 4 Datensätze pro Bucket vorgesehen; ein spezielles Datenfeld für den Verweis auf den Überlaufbereich ist nicht dargestellt.

Wenn man also im Mittel fünf Synonyme pro Adresse erwartet, kann man eine Auslegung von 10 Datensätzen pro Bucket vorsehen. Wenn man außerdem bei der Größe eines Buckets gerade die Größe einer physikalische Seite des externen Speichers erreicht, so ist die Komplexität O(1) dieses Verfahrens auch und gerade bei dem Zugriffsverhalten in der physikalischen Ebene erreicht.

5.6.4 Anwendung: Bucket-Hash-Verfahren

Die vorangegangenen Kapitel zeigten eine Reihe von Hash-Verfahren - aber nur im Prinzip. In diesem Kapitel wollen wir sehr konkret werden und eine Implementation des Bucket-Hash-Verfahrens zeigen. Keine Sorge, das wollen wir hier nicht in jedem Detail tun; nur wesentliche Eckpfeiler stellen wir dar. Wen mehr interessiert und wer mit dem Verfahren experimentieren möchte, der sei auf die zum Buch erhältliche Begleitdiskette verwiesen.

Unser Implementationsbeispiel geht von folgenden Grundsätzen aus:

- Alle Datensätze werden in derselben Länge gespeichert (keine Datenverdichtung).
- Der Hash-Bereich wird auf externem Speicher (Festplatte) verwaltet.
- Zur Zugriffsbeschleunigung wird ein eigener Cache-Speicher verwaltet (in der Implementation enthalten).
- Alle Operationen sind voll transparent; sie werden in speziellen Fenstern am Bildschirm synchron dargestellt. Insofern ist das Beispiel hervorragend zur Visualisierung der internen Vorgänge bei einer Direkten Datenorganisation geeignet.
- Die Implementation erfolgt mit TopSpeed-Modula-2. Dabei wird intensiver Gebrauch z.B. der Bibliothek Window zur Fensterverwaltung gemacht.

- Der Überlaufbereich wird zur Laufzeit des Programms als einfach verkettete Liste im Arbeitsspeicher gehalten; wenn nötig, wird sie in sequentieller Datei gesichert.
- Alle Überläufe werden in dieser Überlaufliste geführt; diese Sätze sind aber nicht in den Such-Mechanismus einbezogen.

Folgende ADT's sind in dem Verfahren realisiert/benutzt:

- logische Satz-E/A (GetRecord, PutRecord,...)
- logische Seitenverwaltung (GetPage, PutPage)
- Cache-Verwaltung (LoadCache, PutCache)
- physikalische Seitenverwaltung (GetPhysPage, PutPhysPage)

Dabei stellt die logische Satz-E/A mit den Funktionen Lesen, Schreiben und Löschen eines Satzes die Schnittstelle zum Anwender dar. Die logische Seitenverwaltung fordert die entsprechende Seite (= das Bucket) an. Sie nutzt dabei die - falls der Cache aktiviert ist - die Cache-Verwaltung. Die physikalische Seitenverwaltung ihrerseits liest eine Seite von dem externen Speicher oder schreibt sie wieder zurück. Jeder ADT hat außerdem eine eigene Methode, die Aktivität seiner Funktionen in einem eigenen Bildschirm-Fenster wiederzugeben.

Und so stellt sich das Implementationsbeispiel am Bildschirm dar, nachdem 20 Sätze in einen Hash-Bereich mit 8 Seiten (á 10 Sätzen) und eingeschalteter Cache-Verwaltung (4 Seiten) gespeichert worden sind (Abbildung 106):

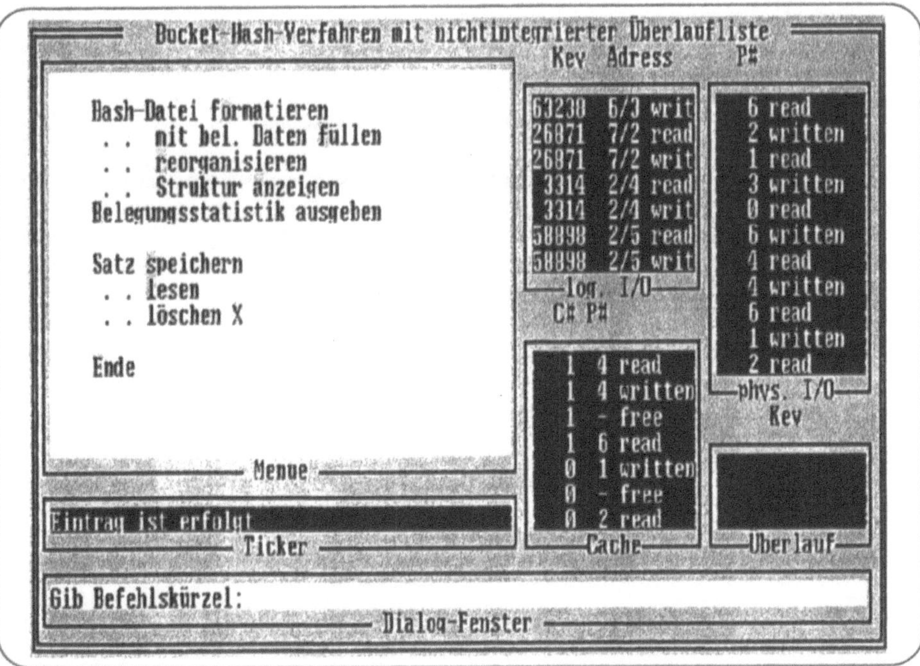

Abb. 106: Ablaufbeispiel Bucket-Hash-Verfahren

Eine Belegungsstatistik bietet einen interessanten Einblick in die Funktionsweise der Cache-Verwaltung (Abbildung 107):

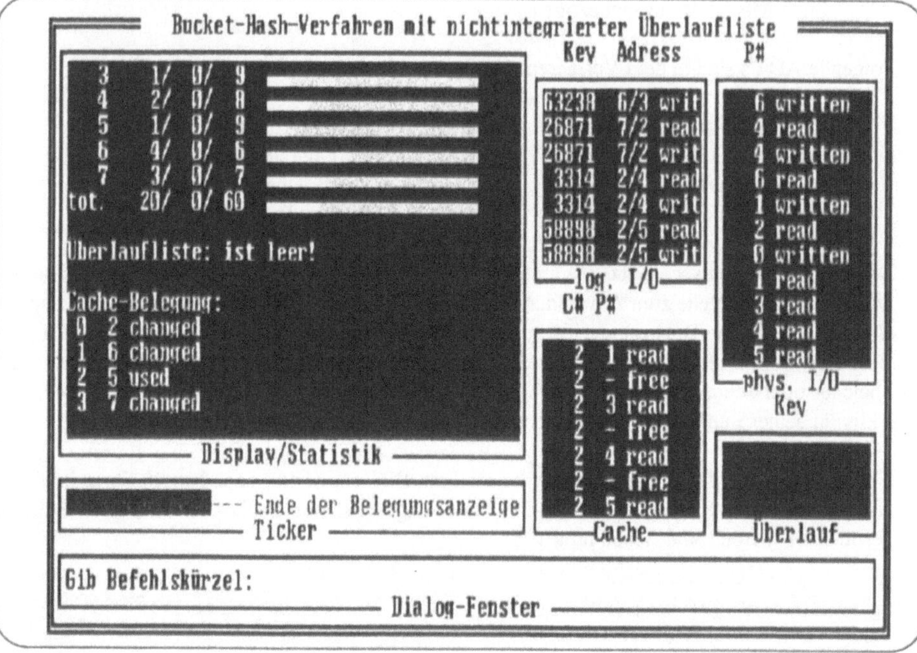

Abb. 107: Ablaufbeispiel Cache-Verwaltung

Da alle Seiten des Caches mit geänderten Seiten durch das vorherige Füllen belegt sind, wird eine Seite zufällig ausgewählt (Seite 1) und auf den externen Speicher geschrieben. Dann werden nacheinander die logischen Seiten 1, 2,4 und 5 in die Cache-Seite 1 geladen, um die Belegungsstatistik ausführen zu können. (Diese Seiten werden natürlich nicht auf den externen Speicher zurückgeschrieben, da sie nicht geändert worden sind.)

Werfen wir noch einen Blick auf drei interessante Datenstrukturen unserer Implementation:

- Jede logische Seite ist folgendermaßen aufgebaut:

```
PageTyp    = RECORD
               Status:     StatusTyp;
               Saetze:     SaetzeTyp;
               Ueberlauf:  BOOLEAN;
             END;
```

  Dabei zeigt die Komponente Status an, welche Sätze der Seite belegt sind. Weiter zeigt Ueberlauf an, ob sich Synonyme in der Überlaufliste befinden.

- Jede Cache-Seite fügt dem noch Rahmeninformation hinzu:

```
CachePageTyp = RECORD
                    Status:      (free, used, changed);
                    PageNr:      CARDINAL;
                    Data:        PageTyp;
               END;
```

- Und schließlich nutzt der Adreßtyp für jeden Datensatz den varianten Verbund; so kann ein Satz entweder nicht vorhanden sein (undefiniert), im Hash-Bereich gespeichert sein oder sein Dasein in der Überlaufliste fristen. Und davon hängt die weitere Information über seine Adresse ab:

```
RecstatusTyp   = (undefiniert, ImHashBereich, ImUeberlauf);
RecAdrTyp      = RECORD
                   CASE Status: RecStatusTyp OF
                        undefiniert:    (* nichts *)          |
                        ImHashBereich:PageNr: CARDINAL;
                                      LineNr  : LineTyp       |
                        ImUeberlauf:    Ptr     : PtrTyp
                   END (* Case *)
               END (* RecAdrTyp *);
```

Alles weitere in diesem Zusammenhang überlassen wir dem Bemühen des Lesers mit dem Programm auf der Diskette; ob er nun Implementationsdetails studiert oder lediglich das fertige Programm als Spielwiese ansieht - viel Erfolg!

5.6.5 Ausblick: Dynamische Hash-Verfahren

Haben wir mit B-Baum und B*-Baum vortreffliche Datenstrukturen kennengelernt, um die index-sequentielle Datenorganisation zu implementieren, so fehlt uns für die direkte Datenorganisation vergleichbares. Alle bislang vorgestellten Konzepte sind statisch, d.h. sie gehen von einer maximalen Zahl speicherbarer Datensätze aus. Aber auch diesem Mangel kann man mit einer zusätzlichen Verweistabelle abhelfen (siehe [Korth 86] S. 286 ff):

- Man verwendet einen beliebigen Hash-Algorithmus H(sw), der z.B. einen String aus 20 Zeichen auf eine Adresse aus 16 Bit abbildet. Wollte man einen entsprechend großen Hash-Bereich mit 2^{16} = 65536 Buckets (angenommene Bucketgröße: 512 Byte) anlegen, so benötigt man hierfür 32 MB Speicherplatz - unangemessen viel für angenommene 1000 Sätze á 100 Byte (zusammen also 100 KB).

- Von der ermittelten Adresse verwendet man lediglich einen bestimmten Ausschnitt (z.B. die letzten beiden Bits; siehe Abbildung 108).

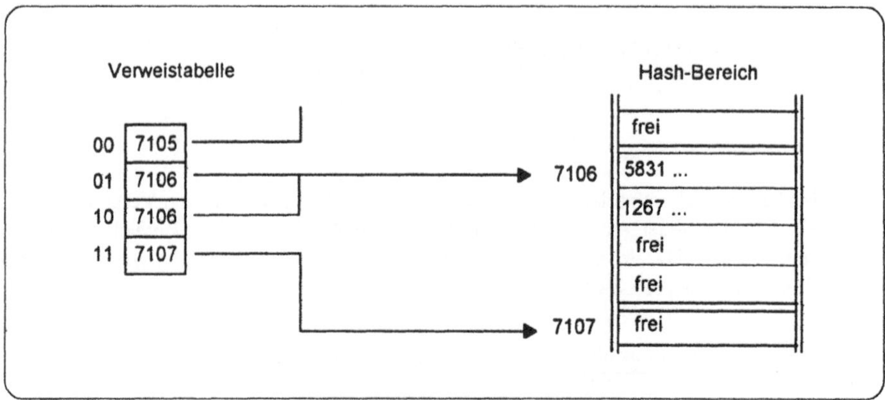

Abbildung 108: Dynamisches Hash-Verfahren

Ein direkter Zusammenhang zwischen Bucket-Adresse und berechneter Adresse besteht nun nicht mehr!

- Die Verweistabelle enthält stets nur soviele Einträge, wie der Adreß-Ausschnitt an unterschiedlichen Zuständen erlaubt (also 1 Eintrag bei 0 Bit Ausschnitt oder 4 Einträge bei 2 Bit Ausschnitt). Dabei können verschiedene Einträge auch auf dasselbe Bucket des Hash-Bereichs zeigen.

- Läuft ein Bucket über, gibt es zwei Möglichkeiten:

  (1) Auf das Bucket verweist mehr als ein Eintrag der Verweistabelle: das Bucket wird geteilt, indem ein neues Bucket erzeugt wird und die Verweise umgeordnet werden (Abbildung 109):

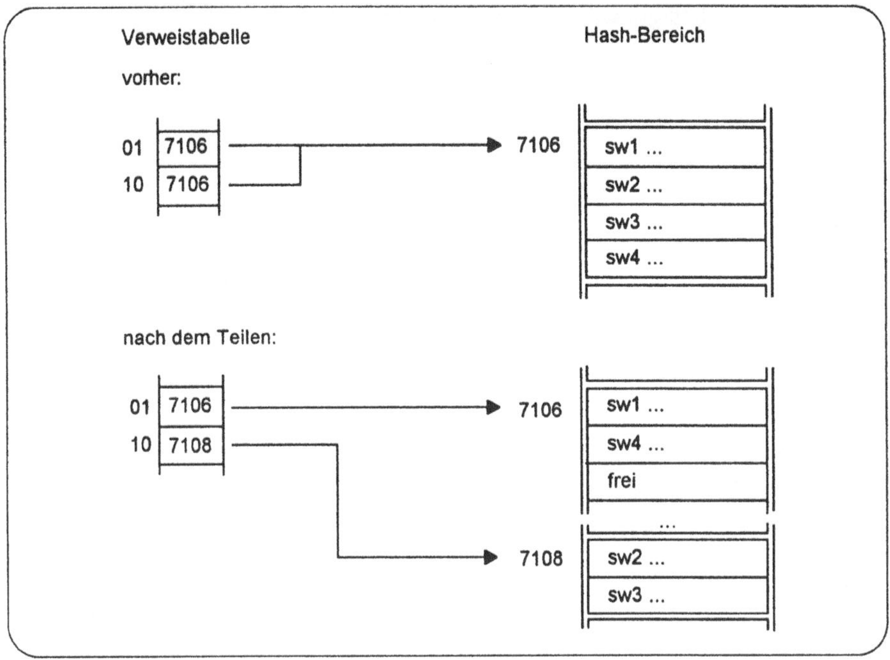

Abb. 109: Vor und nach dem Teilen

Dabei ergibt die Anwendung des Hash-Algorithmus H(sw) folgende Adressen:

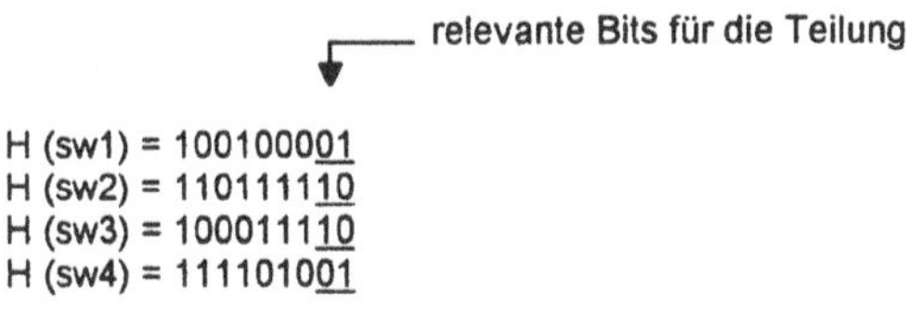

(2) Ist ein Teilen des Buckets nicht möglich, da kein freier Verweis vorliegt, muß der Adreßausschnitt vergrößert werden. Dies erzeugt zwangsläufig wieder (mindestens) einen freien Verweis in der Verweistabelle. Und nun kann das betreffende Bucket geteilt werden.

Wie effizient ist ein derartiges dynamisches Hash-Verfahren?

- Es benötigt zusätzlichen Speicherplatz zur Verwaltung der Verweistabelle und zusätzliche Rechenzeit zur Berechnung der Bucket-Adressen. Beides ist aber zu vernachlässigen, da die Verweistabelle klein ist und im Hauptspeicher gehalten werden kann. Außerdem weist die Adreßumsetzung nur einfache Operationen aus (Bit-Maskierung).

- Es benötigt keinen Speicherplatz für nicht genutzte Buckets (weil diese gar nicht existieren!).

- Es ist keine Reorganisation des Hash-Bereichs nötig.

Zusammengefaßt bedeutet dies: Der Overhead durch die Verweistabelle ist unbedeutend; der Gewinn durch Speicherplatzersparnis im Hash-Bereich ist erheblich. Die Gesamtbilanz ist also positiv.

6 Fallstudie: m2dB

Das Studienprogramm der Allgemeinen Informatik an der Fachhochschule Darmstadt sieht für das 5. Semester eine Lehrveranstaltung "Projekt Systementwicklung" vor, in deren Rahmen der Studierende im Team Analyse, Konzeption und teilweise Realisation eines Systems durchführen soll. Diese Lehrveranstaltung soll ihm einen Vorgeschmack dafür bieten, was ihn in der Praxis der Systementwicklung nach dem Studium erwartet. Im Wintersemester 1991/92 hat einer der Autoren dieses Buches ein solches Projekt Systementwicklung mit dem Ziel durchgeführt, eine Programmierschnittstelle für dBASE-Dateien zu schaffen. Ganz in der Tradition der Programmierausbildung an der Fachhochschule Darmstadt sollte diese Schnittstelle in und für die Programmiersprache Topspeed-Modula-2 geschaffen werden. Das Projekt startete zunächst mit konventioneller Programmiermethodik, schwenkte mit fortschreitender Analyse und Konzeption aber immer stärker auf Methoden der Objektorientierung ein. Als Ergebnis lag am Ende des Semesters ein Prototyp mit satzorientierter Schnittstelle vor.

Ganz wie im richtigen Leben baten die Teilnehmer dieses Projektes im folgenden Semester, das Projekt fortzusetzen und zu einem marktreifen Produkt zu kommen. Und damit alles nicht nur eine akademische Übung blieb, sollte es auch schon vermarktet werden: eine ordentliche Werbekampagne gehörte dazu wie auch die Präsentation auf einer Messe für didaktische Software. Soviel Objektorientierung wie möglich und nötig war überdies die Leitlinie des Folgeprojektes. Heraus kam **m2dB** - die objektorientierte Modula2-Schnittstelle für dBASE IV-Datenbanken [Erbs 92][54].

Welche Probleme es in diesem Projekt zu lösen gab und wie dabei objektorientierte Methoden geholfen haben, davon berichtet dieses Kapitel.

6.1 Erstes Problem: Wie sieht eine einfache und sichere Programmierschnittstelle aus?

Jede Tabelle, die mit dem Datenhaltungssystem dBASE IV erzeugt worden ist, besitzt in ihrer internen Struktur einen einfachen und stets gleichen Aufbau. Sie enthält ...

- einen Dateivorspann von 32 Byte mit u.a. einer Angabe über die Anzahl der Datensätze in dieser Datei,
- das "Data Dictionary" mit den Definitionen für die einzelnen Attribute (pro Attribut 32 Bytes) und
- die einzelnen Datensätze.

Selbst bei einer völlig unbekannten dBASE-Struktur kann man so in dem Dump der Abbildung 110 leicht die Attributnamen Name, Vorname, Gehalt, Zugehörigkeit und Geburtsdatum der Struktur sowie zwei Datensätze erkennen.

---

[54] Die gesamte Software von m2dB befindet sich im Quellcode (natürlich vollständig in Modula-2 geschrieben) auf der Begleitdiskette zum Buch.

```
000000  03 5b 0a 0d  02 00 00 00  c1 00 29 00  00 00 00 00   .[........).....
000010  00 00 00 00  00 00 00 00  00 00 00 00  00 00 39 01   ..............9.
000020  4e 41 4d 45  00 00 00 00  00 00 00 43  03 00 62 40   NAME.......C..b@
000030  0c 00 00 00  01 00 00 00  00 00 00 00  00 00 00 00   ................
000040  56 4f 52 4e  41 4d 45 00  00 00 00 43  0f 00 62 40   VORNAME....C..b@
000050  0c 00 00 00  01 00 00 00  00 00 00 00  00 00 00 00   ................
000060  47 45 48 41  4c 54 00 00  00 00 00 4e  1b 00 62 40   GEHALT.....N..b@
000070  07 02 00 00  01 00 00 00  00 00 00 00  00 00 00 00   ................
000080  5a 55 47 45  48 99 52 49  47 00 00 4c  22 00 62 40   ZUGEH.RIG..L".b@
000090  01 00 00 00  01 00 00 00  00 00 00 00  00 00 00 00   ................
0000a0  47 45 42 55  52 54 53 44  41 54 00 44  23 00 62 40   GEBURTSDAT.D#.b@
0000b0  08 00 00 00  01 00 00 00  00 00 00 00  00 00 00 00   ................
0000c0  0d 20 4d 65  69 65 72 20  20 20 20 20  20 20 55 77   . Meier       Uw
0000d0  65 20 20 20  20 20 20 20  20 20 31 32  33 34 2e 35   e         1234.5
0000e0  36 59 31 39  39 39 30 31  32 30 20 52  69 65 70 69   6Y19990120 Riepi
0000f0  6e 67 20 20  20 20 20 55  77 65 20 20  20 20 20 20   ng     Uwe
000100  20 20 20 39  39 39 39 2e  39 39 59 31  39 39 39 31      9999.99Y19991
000110  32 32 30 1a  20 20 20 20  20 20 20 20  20 20 20 20   220.
000120  20 20 20 20  20 20 20 20  20 20 20 20  20 20 20 20
000130  20 20 20 20  20 20 20 20  20 20 20 20  20 20 20 20
000140  20 20 20 20  20 20 20 20  20 20 20 20  20 20 20 20
000150  20 20 20 20  20 20 20 20  20 20 20 20  20 20 20 20
000160  20 20 20 20  20 20 20 20  20 20 20 20  20 20 20 20
```

Abb. 110: Aufbau einer dBASE-Datei (Beispiel)

Dieses Wissen um die Positionen der Informationen in jeder einzelnen dBASE-Systemdatei macht es dem Programmierer möglich, unmittelbar auf die Daten mit den Sprachmitteln z.B. der Bibliothek "FIO" vom Topspeed-Modula zuzugreifen. Doch was bedeutet dieses für die Praxis?

Wenn man einen Datensatz einer Kundendatei lesen möchte, so ist man gezwungen, auf unterstem logischen Niveau eine Vielzahl von Basisdateioperationen durchzuführen (siehe hierzu Abbildung 111):

```
FIO.Seek(1,230); Error:=FIO.RdBin(1,Puffer,10);
Str.Slice(EinKunde.Name,Puffer,0,10);
FIO.Seek(1,240); Error:=FIO.RdBin(1,Puffer,4);
EinKunde.Plz:=CARDINAL(Str.StrToCard(Puffer,10,Done);
FIO.Seek(1,244); Error:=FIO.RdBin(1,Puffer,20);
Str.Slice(EinKunde.Ort,Puffer,0,20);
```

Abb. 111: Programmierung mit Bibliothek "FIO" in Modula-2

Mit diesen Sprachmitteln kann man keine verläßliche Anwendung gestalten.Einen Schritt in die richtige Richtung könnte eine Schnittstelle bieten, mit der immerhin eine satzrelative Positionierung angeboten wird; wie z.B in vielen Toolboxen für die Programmiersprache Pascal üblich. Doch auch dieses Vorgehen läßt dem Anwendungsentwickler noch zu viele

Möglichkeiten, Fehler zu begehen. Gesucht wird also eine Schnittstelle, die möglichst einfach und sicher den Zugriff auf dBASE-Daten erlaubt.

Soweit die Analyse der Benutzungsseite. Fragt man sich des weiteren, **wann** Fehler in der Benutzung dieser Schnittstelle entdeckt werden sollen, kann die Antwort nur lauten: zur Compilezeit! Dies erfordert allerdings, daß weder die Operation (im ganzen oder auch nur teilweise) noch die Objekte (auch hier im ganzen oder teilweise) erst zur Laufzeit ermittelt werden. Besonders das Konzept *Strong-Typing* in Modula gilt es einzuhalten.

Die Lösung dieses Problems ist die Konzeption und Realisation eines Precompilers, der zu jeder dBASE-Datenstruktur eine entsprechende Modula-Datenstruktur automatisch generiert. Da - wie Datenbanker wissen - Daten in der Regel relativ statisch sind, entsteht aus diesem eher statischen Konzept auch kein Nachteil. Mehr noch: Der Precompiler kann ganz im Sinne der Objektorientierung um diese Datenstruktur herum eine Klasse definieren, die alle für die Behandlung der Instanzen dieser Klasse nötigen Methoden enthält.

Und damit liegt die einfache und sichere Programmierschnittstelle auf der Hand: Will der Programmierer z.B. einen Kunden-Datensatz aus der dBASE-Datei lesen, so braucht er lediglich die Methode Get zu der entsprechenden Instanz der Klasse Kunde benutzen. In Modula-Schreibweise könnte dieses so aussehen (Abbildung 112):

```
EinKunde.Get
```

Abb. 112: Methodenaufruf bei m2dB (Beispiel)

6.2 Zweites Problem: die Mengenschnittstelle

Solange eine Programmier-Schnittstelle für dBASE-Daten lediglich satzorientiert sein soll, hat man als Entwickler dieser Schnittstelle leichtes Spiel. Schließlich braucht man sich keinerlei Gedanken über die Behandlung von im Prinzip beliebig großen Ergebnis-Mengen machen. Eine ernstzunehmende Schnittstelle für dBASE-Daten muß aber eine mengenorientierte Abfrage der Daten bieten. Wohin also mit dem Ergebnis? Nach Lektüre von Kapitel 3 dieses Buches neigt man dazu, eine einfach verkettete Liste zu konstruieren. Nach Kapitel 5 sollte es vielleicht doch nur eine Sequenz sein, geschickterweise gleich als dBASE-Systemdatei aufgebaut. Die eine wie die andere Lösung hätte allerdings eine erhebliche Erweiterung der Methoden bedeutet. Die elegante, objektorientierte Lösung sieht dagegen vor,

- eine allgemeine Select-Methode zu jeder Klasse vom Preompiler generieren zu lassen. Diese Select-Methode realisiert eine Schleife über alle Datensätze der zugehörigen dBASE-Datei. Sie verwendet hierbei eine Methode SelectAction, die eine beliebige Aktion mit dem aktuellen Datensatz ausführt. Außerdem enthält sie noch eine Methode SelectCondition, mit der jeder Datensatz überprüft werden kann, ob auf ihm die Methode Select-Action angewandt werden soll oder nicht. Dieser Entwurf erstaunt nicht mehr, wenn man unsere Implementationen der dynamischen Datenstrukturen Sequenz, Liste und Baum kennt (siehe Kapitel 3 und 4).

Die Klasse A5[55] wird damit für jede beliebige dBASE-Struktur so definiert (Abbildung 113):

```
CLASS A5 (A4);
  VIRTUAL PROCEDURE SelectCondition(): BOOLEAN;
  VIRTUAL PROCEDURE SelectAction();
  PROCEDURE Select;
END A5;
```

Abb. 113: Klassendefinition m2dB A5

Der grundsätzliche Ablauf der Methode Select ist ebenso für alle Klassen völlig identisch (siehe Abbildung 114). Lediglich in den benutzten Basismethoden unterscheidet sich der Ablauf. So ist bei der Implementation von Select in der Abbildung 95 der Aufruf der Methode Get zu erkennen - was hier im Einzelfall zu tun ist, hängt von der ererbten virtuellen Methode der Klasse A4 ab.

```
IMPLEMENTATION  CLASS A5;
  VIRTUAL PROCEDURE SelectCondition(): BOOLEAN;
  BEGIN
      RETURN TRUE;
  END SelectCondition;

  VIRTUAL PROCEDURE SelectAction();
  BEGIN
  END SelectAction;

  PROCEDURE Select;
  BEGIN
    Reset;
    Get;
    WHILE (Error() = 0) DO
      IF SelectCondition()
        THEN SelectAction;
      END;
      Get;
    END
  END Select;

 BEGIN END A5;
```

Abb. 114: Objektorientierte Lösung der Select-Methode

---

55 Der Name "A5" orientiert sich an der Schicht A5 der 5-Schichten-Architektur von Härder (siehe Abbildung 96). Gleiches gilt für die Klasse "A4".

Mehr noch: Welche Aktion innerhalb von SelectAction ausgeführt wird und welches die Abfragebedingung innerhalb von SelectCondition ist, hängt vom Anwender ab. Schließlich sind beide Methoden virtuell und können damit vom Anwender redefiniert werden.

6.3 Architektur von m2dB

Härder [Härder 87] empfiehlt für die Realisation von Datenbanksystemen eine 5-Schichten-Architektur. Diese sieht in der Schicht A3 die interne Satzschnittstelle, in der Schicht A4 die externe Satzschnittstelle und in der Schicht A5 eine Mengenschnittstelle vor. Diese Architektur liegt auch der Gestaltung von **m2dB** zugrunde (siehe Abbildung 115):

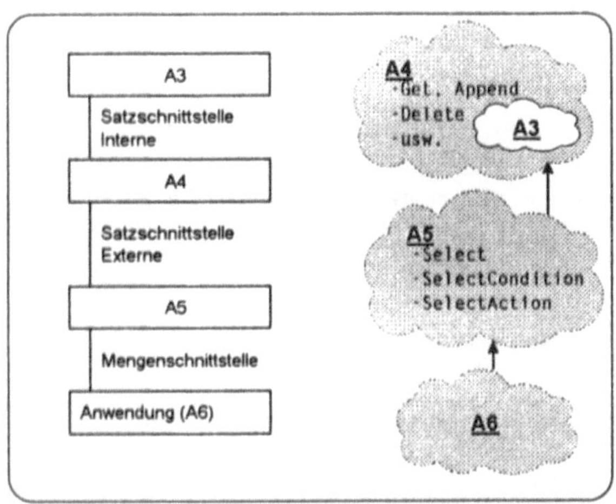

Abb. 115: Architektur von m2dB: konventionell und objektorientiert

In objektorientierter Erweiterung dieser klassischen Architektur besteht bei **m2dB** eine Vererbungs- und Containmenthierarchie zwischen den einzelnen Schichten. So ist die Schicht A3 Bestandteil der Schicht A4. Andererseit ist die Schicht A4 Superklasse für Schicht A5. Diese Schicht A5 wiederum ist dann Superklasse für die Anwendungsschicht A6.

Beispiel

Gegeben eine dBASE-Struktur "Firma" mit den Attributen Nr, Name, Plz und Ort. Läßt man den Precompiler von **m2dB** für diese dBASE-Struktur entsprechende Klassen erzeugen, so erhält man folgenden Definitionsmodul (Abbildung 116):

```
DEFINITION MODULE Firma;
(*************************************************************)
(*                                                           *)
(* Datei:    E:\DSBUCH\DISC\KAPITEL6\DEMO\FIRMA.DBF          *)
(* Letzte Änderung bei Preprozessorlauf:  24.10.91           *)
(* Zur Datei gehört keine MEMO-Datei                         *)
(* Anzahl der Datensätze:                        48          *)
(* Anzahl der Byte im Dateivorspann:        161              *)
(* Datensatzgröße in Byte:                  68               *)
(* Die Datei war Indiziert (mit .MDX Arbeitsindex)           *)
(* Achtung !!!  Der Index wird nicht aktualisiert            *)
(* Die Datei Firma.MDX bleibt im alten Zustand               *)
(*                                                           *)
(* Die Datei besteht aus folgenden Feldern:                  *)
(*                                                           *)
(* Nummer  Name          Typ        Länge  DezSt  Index      *)
(*    1           Nr    Numerisch     3      0      J        *)
(*    2           Name   Zeichen     30      -      N        *)
(*    3           Plz   Numerisch     4      0      N        *)
(*    4           Ort    Zeichen     30      -      N        *)
(*                                                           *)
(*************************************************************)
FROM M2dBA3 IMPORT  Logic, A3;
TYPE
  NameIndexTyp = [0..29];  NameTyp = ARRAY NameIndexTyp OF CHAR;
  OrtIndexTyp = [0..29];   OrtTyp  = ARRAY OrtIndexTyp OF CHAR;

CLASS A4;
               a3 : A3;
               Nr : LONGINT; (* Laenge:  3 *)
             Name : NameTyp;
              Plz : LONGINT; (* Laenge:  4 *)
              Ort : OrtTyp;

    PROCEDURE Error() : CARDINAL;(* Liefert den Fehlercode der letzten Operation *)
    PROCEDURE Open(Pfad : ARRAY OF CHAR);(* Oeffnet die dBase-Datei (.dbf) *)
    PROCEDURE Close;  (* Schliesst die Datei *)
    PROCEDURE Reset;  (* Setzt die Datei auf den 1. Datensatz zurück *)
    PROCEDURE Get;    (* Liefert den aktuellen Satz *)
    PROCEDURE Append; (* Haengt am Ende der Datei einen Satz an *)
    PROCEDURE Replace;(* Ueberschreibt den aktuellen Satz *)
    PROCEDURE Delete; (* Loescht den aktuellen Satz *)
    PROCEDURE Pack;   (* Loescht alle zum Loeschen markierten Datensaetze *)
    PROCEDURE Recall; (* Entfernt alle Loeschmarkierungen *)
END A4;

  CLASS A5 (A4);
    VIRTUAL PROCEDURE SelectCondition(): BOOLEAN;
    VIRTUAL PROCEDURE SelectAction();
    PROCEDURE Select;
  END A5;
END Firma.
```

Abb. 116: Definitionsmodul Klassen A4 und A5 (Beispiel "Firma")

Danach wird die Schicht A3 aus einer Bibliothek m2dBA3 importiert (ebenso wie einige für m2dB nötige Datentypen). Maßgeschneidert für die Datenstruktur Firma generiert der Precompiler außerdem einige Datentypen wie z.B. NameTyp etc. Des weiteren generiert er eine Klasse A4, die alle Komponenten der Datenstruktur Firma sowie Verwaltungsinformationen der internen Schnittstelle A3 enthält. Weiter enthält sie alle Methoden, die zur externen Satzschnittstelle gehören, so z.B. Close, Reset, Get etc.

Zu guter Letzt generiert der Precompiler noch die Klasse A5 als Subklasse von A4 mit der Methode Select sowie den virtuellen Methoden SelectCondition und SelectAction. Diese vordefinierte Methode SelectCondition richtet dabei keinen Schaden an, wenn sie vom Anwender nicht redefiniert wird. Mit ihr wird in dieser vordefinierten Form jeder Datensatz ausgewählt. Andererseits bringt die Methode SelectAction in dieser vordefinierten Form auch keine Wundertaten; mit ihr ist lediglich die leere Anweisung realisiert[56].

6.4 Anwendungsbeispiele

Hat der **m2dB**-Precompiler die nötigen Klassen für die dBASE-Datei "Firma" generiert, so kann man z.B. Anwendungsprogramme mit folgenden Aufgaben erstellen:

- Zu jeder Firma soll die Postleitzahl geprüft und gegebenfalls manuell korrigiert werden. Diese Aufgabe läßt sich mit der satzorientierten Schnittstelle von **m2dB** lösen (siehe Abbildung 117):

```
MODULE Firma_A4;
(* Beispiel mit externer satzorientierter Schnittstelle *)
IMPORT Firma;
FROM IO IMPORT WrStr, WrLngInt, WrLn, RdLngInt;
VAR  EineFirma  : Firma.A4;
       Antwort   : LONGINT;
 BEGIN
  EineFirma.Open ("");
  EineFirma.Get;
  Antwort := 0;
  WHILE (EineFirma.Error () = 0) AND (Antwort <> 99999) DO
    WrLn; WrStr ("Firma: "); WrStr (EineFirma.Name);
    WrLngInt (EineFirma.Plz, 6); WrStr ("   ");
    WrStr (" Gib neue Plz: "); Antwort := RdLngInt ();
     IF (Antwort = 0) OR (Antwort = 99999)
       THEN
        ELSE EineFirma.Plz := Antwort;
               EineFirma.Replace
    END (* If *);
    EineFirma.Get
  END (* While *);
  EineFirma.Close;
END Firma_A4.
```

Abb. 117: m2dB-Anwendung mit Nutzung satzorientierter Schnittstelle

- Sämtliche in der Datenbank gespeicherten Datensätze der Firmen, die ihren Sitz in einem bestimmten Postleitzahlbereich haben, sollen angezeigt werden; dabei sollen am Bildschirm Name, Vorname, Artikelnummer und Preis aller Sätze zu sehen sein. Außerdem soll der fragliche Postleitzahlenbereich von der Tastatur eingegeben werden (siehe Abbildung 118):

---

[56] Einige Teilnehmer des Projektes hatten vorgeschlagen, als vordefinierte Aktion den Aufruf der Methode Delete vorzusehen. Hier stand die an sich gut gemeinte Absicht dahinter, den Programmierer dazu zu zwingen, die Methode zu redefinieren. Allerdings setzte sich schließlich doch die Einsicht durch, daß man den Anwender von **m2dB** nicht derart brutal zu seinem Glück zwingen darf ...

```
MODULE Firma_A5; (* Beispiel mit Mengen-Schnittstelle *)
IMPORT Firma;
FROM IO IMPORT WrStr, WrLngInt, WrLn, RdLngInt;

CLASS FirmaClass (Firma.A5);
    VonPlz, BisPlz : LONGINT;
    PROCEDURE LiesPlzBereich;
    VIRTUAL PROCEDURE SelectCondition () : BOOLEAN;
    VIRTUAL PROCEDURE SelectAction;
END FirmaClass;

CLASS IMPLEMENTATION FirmaClass;
    PROCEDURE LiesPlzBereich;
   BEGIN
      WrStr ("Gib AnfangsPlz: "); VonPlz := RdLngInt ();
      WrStr ("Gib EndePlz:    "); BisPlz := RdLngInt ()
    END LiesPlzBereich;

    VIRTUAL PROCEDURE SelectCondition () : BOOLEAN;
    BEGIN
      RETURN (Plz >= VonPlz) AND (Plz <= BisPlz)
    END SelectCondition;
    VIRTUAL PROCEDURE SelectAction;
    BEGIN
      WrStr (Name); WrStr (" "); WrStr (Ort); WrLngInt (Plz,10); WrLn
    END SelectAction;
  BEGIN  END FirmaClass;

VAR  EineFirma  : FirmaClass;
 BEGIN
  EineFirma.Open ("");
  EineFirma.LiesPlzBereich;
  EineFirma.Select;
  EineFirma.Close;
 END Firma_A5.
```

Abb. 118: m2dB-Anwendung mit Nutzung mengenorientierter Schnittstelle

Besonders interessant an diesem Anwendungsbeispiel ist, daß die Klasse FirmaClass nicht nur von der Mengenschnittstelle Gebrauch macht und dabei die virtuellen Methoden SelectCondition und SelectAction redefiniert. Vielmehr enthält sie darüber hinaus eine Methode LiesPlzBereich, mit der Teile der Selektionsbedingung erst zur Laufzeit vom Benutzer vorgegeben werden können.

Bemerkenswert ist die geringe Komplexität der Beispielprogramme. So werden in Firma_A5 lediglich Methoden in linearer Folge aufgerufen; Kontrollstrukturen wie Schleifen oder Verzweigungen fehlen völlig. Diese Kontrollstrukturen befinden sich ausschließlich in der vordefinierten Methode Select als Schleife zur Verarbeitung des gesamten Datenbestandes sowie als Alternative zur Auswahl der zutreffenden Datensätze. Allgemein gesprochen ist die komplexe Ablaufstruktur in der Systemsoftware (hier: der vom **m2dB**-Precompiler automatisch generierten Klasse A5) zu finden - und die Richtigkeit dieser Struktur ist einfach nachzuweisen.

Die Qualität der entwickelten Software steigt damit durch Reduktion ihrer Komplexität.

Literatur

[Aho 74] A.V. Aho, J.E. Hopcraft & J.D. Ullman: The Design and Analysis of Computer Algorithms Addison-Wesley 1974

[Bayer 72] R. Bayer & E. McCreight: Organization and Maintenance of Large Ordered Indexes Acta Informatica Vol. 1 1972

[Blaschek 87] G. Blaschek, G. Pomberger & F. Ritzinger: Einführung in die Programmierung mit Modula-2 Springer 1987

[Booch 91] Grady Booch: Object-oriented Design with Applications Redwood City/California 1991

[Borland 89] Borland GmbH: Turbo Pascal Objektorientierte Programmierung München 1989

[Clarion 92] Clarion Software Corporation: TopSpeed Modula-2 Language and Library Reference 1992

[Dal Cin 88] Lutz Dal Cin & Thomas Risse: Programmierung in Modula-2 Teubner 1988

[Denert 77] E. Denert & R. Frank: Datenstrukturen B.I. 1977

[Erbs 92] Heinz-Erich Erbs & Marcus Müller: **m2dB** - objektorientierte Modula-2- Schnittstelle für dBASE-IV-Datenbanken in: K.Dette et al. Multimedia und Computeranwendungen in der Lehre Springer 1992

[Gonnet 91] G.H. Gonnet & R. Baeza-Yates: Handbook of Algorithms and Data Structures Addison-Wesley 1991

[Goos 73] G. Goos: Systemprogrammiersprachen und strukturiertes Programmieren in: C.E. Hackl (Hrsg.) Programming Methodology Lecture Notes in Computer Science Vol. 23 Springer 1973

[Härder 87] Theo Härder: Realisierung von operationalen Schnittstellen in: Lockemann & Schmidt (Hrsg.) Datenbank-Handbach Springer 1987

[Hoare 62] C.A.R. Hoare: Quicksort Computer Journal 5:10-15 1962

[Klaeren 94] Herbert Klaeren: Probleme des Software-Engineering Informatik Spektrum (1994) 17:21-28

[Knuth 73] D.E. Knuth: The Art of Computer Programming Vol. III Addison-Wesley 1973

[Korth 86] Henry F. Korth & Abraham Silberschatz: Database System Concepts McGraw-Hill 1986

[Lange 85] O. Lange & G. Stegemann: Datenstrukturen und Speichertechniken Vieweg 1985

[Mehlhorn 88] K. Mehlhorn: Datenstrukturen und effiziente Algorithmen Band 1 Teubner 1988

[Meyer 90] Bertrand Meyer: Objektorientierte Softwareentwicklung Hanser 1990

[Noltemeier 82] H. Noltemeier: Informatik III - Einführung in Datenstrukturen Hanser 1982

[Ottmann 90] Thomas Ottmann & Peter Widmayer: Algorithmen und Datenstrukturen B.I. 1990

[Parnas 72] D.L. Parnas: On the Criteria to be Used in Decomposing Systems into Modules CACM 1972

[Pomberger 84] G. Pomberger: Softwaretechnik und Modula-2 Hanser 1984

[Rumbaugh 93] James Rumbaugh et al.: Objektorientiertes Modellieren und Entwerfen Hanser 1993

[Schnorr 74] Claus P. Schnorr: Rekursive Funktionen und ihre Komplexität Teubner Stuttgart 1974

[Sedgewick 78] R. Sedgewick: Quicksort Garland 1978

[Sedgewick 91] R. Sedgewick: Algorithmen Addison-Wesley 1991

[Singer 88] Friedemann Singer: Programmieren mit COBOL Teubner 1988

[Wiederhold 80] Gio Wiederhold: Datenbanken: Analyse - Design - Erfahrungen Band 1 Dateisysteme Oldenbourg 1980

[Wirth 86] Niklaus Wirth: Algorithmen und Datenstrukturen mit Modula-2 Teubner 1986

[Wirth 88] Niklaus Wirth: Programmieren in Modula-2 Springer 1988

[Wirth 94] Niklaus Wirth: Gedanken zur Software-Explosion Informatik Spektrum (1994) 17:5-10

Hinweise zur Diskette

Zum Buch ist eine Diskette mit allen Beispielen und der gesamten sonstigen Software wie der objektorientierten Modula-2-Schnittstelle für dBASE **m2dB** und der Bucket-Hash-Simulation zum Preis von DM 29.80 (incl. Versandkosten) erhältlich. Bestellungen sind unter Angabe des Diskettenformats zu richten an:

Annette Hoyer-Erbs
Scheffelstraße 11
64407 Fränkisch-Crumbach
Tel.: 06164-2507

Wer die Diskette in seinem Besitz hat, nennt damit folgende Dateien sein eigen:

Verzeichnis	Datei	Inhalt	Abbildung
Kapitel 2	Buch.Def	Definitionsmodul ADT Buchstapel	28
	Buch.Mod	Implementationsmodul ADT Buchstapel	29
	GraphObj.Def	Definitionsmodul Grafischer Objekte	33
	GraphObj.Mod	Implementationsmodul Grafischer Objekte	34
	Lkw.Mod	Anwendungsprogramm LKW	36
	NatZahl.Mod	Klassendefinition NatuerlicheZahl	32
	Prim.Mod	Beispiel für Mengenverarbeitung	12
	QuickRek.Mod	Quicksort	22
	Wurzel.Mod	Beispiel für Ablaufstrukturen	6
Kapitel 3	Hangman.Mod	Beispiel für Coroutinen: Wortrate-Spiel	-
	Keller.Def	Definitionsmodul Keller	58
	Keller.Mod	Implementationsmodul Keller	59
	KellerHp.Mod	Anwendungsprogramm zur Datenstruktur Keller	60
	Liste.Def	Definitionsmodul Liste	54
	Liste.Mod	Implementationsmodul Liste	55
	ListeHP.Mod	Anwendungsprogramm zu Datenstruktur Liste	56
	Mischen.Mod	Mergesort	43
	Schlange.Def	Definitionsmodul Schlange	62
	Schlange.Mod	Implementationsmodul Schlange	63
	SchlHP.Mod	Anwendungsprogramm zu Datenstruktur Schlange	-
	Seq.HP	Anwendungsprogramm zu Datenstruktur Sequenz	39
	Sequenz.Def	Definitionsmodul Sequenz	37
	Sequenz.Mod	Implementationsmodul Sequenz	38
	Wuerfeln.Mod	Beispiel für Prozesse: Würfelstatistik	67

Kapitel 4	Baum.Def	Definitionsmodul Baum	78
	Baum.Mod	Implementationsmodul Baum	79
	BaumHP.Mod	Anwendungsprogramm zu Datenstruktur Baum	80
	Netzplan.Mod	Anwendungsprogramm Netzplan	-
	Register.Mod	Beispiel für komplexe Datenstruktur: Baum mit Schlange (Stichwortregister-Erstellung)	83
	Stamm.Mod	Anwendungsprogramm Stammbaum	74
	Vielweg.Mod	Operation mit B-Bäumen	-
	Warshall.Mod	Warshall-Algorithmus	-
Kapitel 5	Hash.Mod	Simulationsprogramm Bucket-Hash-Verfahren	106
Kapitel 6	Firma.DBF	dBASE-Systemdatei der Firmendaten	-
	Firma.Def	Definitionsmodul mit Klasse Firma.A4/.A5	116
	Firma.Mod	Implementationsmodul mit Klasse Firma.A4/.A5	-
	Firma_A4.Mod	Anwendungsprogramm zu Klasse Firma.A4 (satzorientierte Schnittstelle)	117
	Firma_A5.Mod	Anwendungsprogramm zu Klasse Firma.A5 (mengenorientierte Schnittstelle)	118
	m2dBa3.Def	Definitionsmodul der Schicht A3 zu m2dB	-
	m2dBa3.Mod	Implementationsmodul der Schicht A3 zu m2dB	-
	m2dBPre.Exe	m2dB-PreCompiler als ablauffähiges Programm; erzeugt zu beliebiger DBF-Datei passende Klassen	-
	m2dBPre.Mod	m2dB-PreCompiler als Modula-Quellprogramm	-
	m2dBWin.Def	Definitionsmodul der m2dB-PreCompiler-Benutzungsoberfläche	-
	m2dBWin.Mod	Implementationsmodul der m2dB-PreCompiler-Benutzungsoberfläche	-

Einen Modula-Compiler suchen Sie nun allerdings vergeblich auf dieser Diskette. Den können wir leider nicht so einfach mitgeben; hier hilft aber der Fachhandel gerne weiter.

Stichwortverzeichnis

A

B

C

D

E

Puchan/Stucky/
Wolff von Gudenberg
Programmieren mit Modula-2

In diesem ersten Band des Grundkurses Angewandte Informatik wird eine Einführung in das Programmieren mit Modula-2 gegeben.
Nach einem allgemein gehaltenen Überblick über die systematische Entwicklung von Algorithmen wird ein relativ umfassendes Programmbeispiel vorgestellt, dessen Verwirklichung in Modula-2 sich wie ein roter Faden durch das ganze Buch zieht. Die einzelnen Sprachkonstrukte werden als brauchbare Hilfsmittel zur Programmierung dargestellt. So wird das Erlernen der Programmiersprache nicht als Selbstzweck, sondern als Werkzeug zur Problemlösung betrachtet. Entsprechend dieser Maxime werden die jeweiligen neuen Konzepte – wie z. B. strukturierte Datentypen, Prozeduren und Module – zunächst durch Beispiele motiviert und erläutert. Danach erfolgen die genaue Definition in Form von Syntaxdiagrammen sowie die Beschreibung der Semantik. Neben dem »Wirthschen« Standard wird auch der zur Normung vorliegende neue Standard von Modula-2 behandelt.
Das Buch ist so gegliedert, daß mit einfachen Sprachelementen begonnen wird und umfassendere Konzepte erst später folgen; dabei wurde besonderer Wert darauf gelegt, daß bereits in einem frühen Stadium vollständige Programme formuliert werden können.
Vorkenntnisse in anderen Programmiersprachen oder anderen Gebieten der Informatik oder Mathematik sind nicht nötig.

Von Dr.
Jörg Puchan,
Bausparkasse
Schwäbisch Hall,
Prof. Dr.
Wolffried Stucky,
Universität Karlsruhe und
Prof. Dr. **Jürgen Frhr. Wolff von Gudenberg,**
Universität Würzburg

2. überarbeitete Auflage
1994. 319 Seiten.
16,2 x 22,9 cm.
Kart. DM 36,–
ÖS 281,– / SFr 36,–
ISBN 3-519-12934-5

Stucky
Grundkurs Angewandte Informatik I

(Leitfäden der angewandten Informatik)

Dal Cin/Lutz/Risse

Programmierung in Modula-2

Eine Einführung in das modulare Programmieren mit Anwendungsbeispielen unter UNIX, MS-DOS und TOS

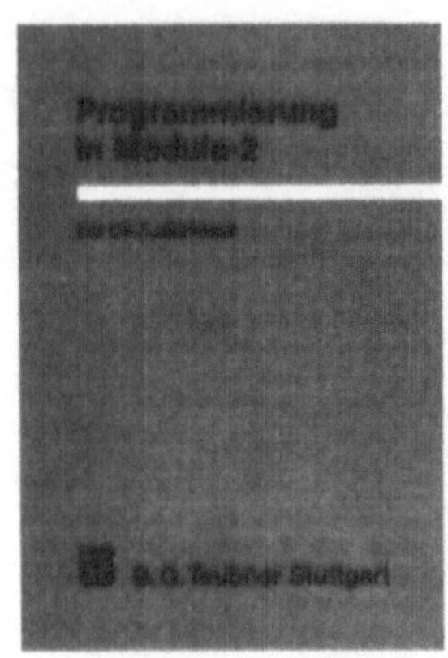

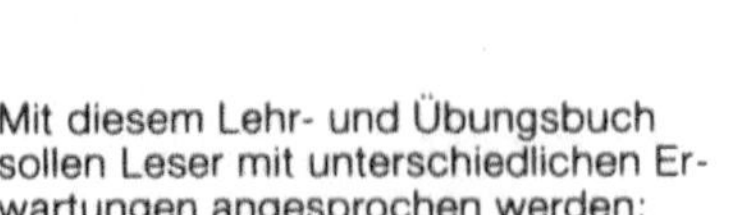

Mit diesem Lehr- und Übungsbuch sollen Leser mit unterschiedlichen Erwartungen angesprochen werden:

- der Programmier-Anfänger durch die ausführliche Darstellung der Grundkonzepte der Programmiersprache Modula-2 mit vielen Beispielen;
- der Umsteiger durch Erläuterung der Unterschiede zu Pascal;
- der mehr theoretisch orientierte Informatiker durch die eingehende Beschreibung des Modul-Konzeptes und der Möglichkeiten, in Modula-2 systematisch und modular zu programmieren und durch Beispiele zur Realisierung abstrakter Daten-Typen;
- der anspruchsvollere System-Programmierer durch die ausführliche Erläuterung des Coroutinen- und Prozeß-Konzeptes von Modula-2 zusammen mit einer Einführung in die Prozeß-Synchronisation und die Interrupt-Behandlung, aber auch durch die Darstellung der Modula-2 UNIX-Schnittstelle.

Dieser Band stellt sowohl ein ausführliches Handbuch für die Programmierung in Modula-2 (mit Berücksichtigung der Programmierumgebung unter UNIX und MS-DOS) als auch eine Einführung in das systematische, modulare Programmieren dar.

Von Prof. Dr. rer. nat.
Mario Dal Cin,
Erlangen-Nürnberg,
Dipl.-Phys.
Joachim Lutz,
München
und Dr. rer. nat
Thomas Risse,
Hochschule Bremen

4. überarb. Aufl. 1989.
328 Seiten mit zahlreichen Beispielen, Programmen und Syntax-Diagrammen.
12,7 x 18,8 cm.
ISBN 3-519-02280-X
Kart. DM 26,–
ÖS 203,– / SFr 26,–

B. G. Teubner Stuttgart